可控震源地震勘探采集技术

倪宇东　等编著

石油工业出版社

内 容 提 要

本书介绍了可控震源的基本结构及工作原理、常规采集方法、高效采集技术、高保真采集技术。作为可控震源地震勘探系统工程的一部分，书中还介绍了测量、采集仪器和质量控制等技术。本书最后介绍了可控震源地震勘探采集技术发展趋势，认为"高效、高保真、低频（宽频）"三项技术相融合是可控震源地震勘探采集技术的发展方向。

本书着重介绍了地震勘探工程实用技术，可供地震勘探现场工作人员和大专院校相关专业师生参考。

图书在版编目（CIP）数据

可控震源地震勘探采集技术/倪宇东等编著．

北京：石油工业出版社，2014.6

ISBN 978－7－5183－0196－6

Ⅰ. 可…

Ⅱ. 倪…

Ⅲ. 震源－地震勘探

Ⅳ. P631.4

中国版本图书馆 CIP 数据核字（2014）第 098500 号

出版发行：石油工业出版社
　　　　　（北京安定门外安华里 2 区 1 号　　100011）
　　　　　网　　址：www. petropub. com. cn
　　　　　编辑部：（010）64523533　发行部：（010）64523620
经　　销：全国新华书店
印　　刷：北京中石油彩色印刷有限责任公司

2014 年 6 月第 1 版　2014 年 6 月第 1 次印刷
787×1092 毫米　开本：1/16　印张：10
字数：260 千字

定价：98.00 元

《可控震源地震勘探采集技术》编写组

组　长　倪宇东

副组长　秦天才

成　员　（按汉语拼音排序）

纪迎章　李海翔　刘金中　梁晓峰　雷云山

李扬胜　吕哲健　马　涛　王光德　王井富

张建军

进入 21 世纪，我国能源及矿产资源供需矛盾日益突出。据中国工程院预测，到 2020 年，我国重要战略资源对外依存度会很高，石油、铁、铜等将超过 60％。面对 21 世纪能源与矿产资源的挑战，必须发展高精度地球物理探测技术对地球内部进行探测，揭示地下能源资源与矿产资源分布规律。

勘查地球物理学是地球物理学的重要分支，它运用物理学的原理、方法和观测技术寻找矿产资源，探查地下隐伏的目标。地球物理探查主要包括数据采集、数据处理和结果解释三个步骤，其中数据采集是所有探查工作的基础。目前，在地球物理探测技术中，最先进的方法仍是地震探测。在所有勘查地球物理方法中，反射地震勘探是分辨率最高和应用最广泛的方法，在石油、天然气和煤田勘探、工程勘察和矿产勘探中都有广泛应用。近年来，国内外反射地震数据采集技术取得了较大进展，采集技术设计和优化日益受到重视。应用可控震源高效采集技术和低频采集技术可以实现高密度和宽频域反射地震数据采集，不仅可以降低成本，而且利于环境保护，提高勘探效果。《可控震源地震勘探采集技术》一书系统阐述了可控震源地震勘探常规采集方法、高效采集技术、高保真采集技术，以及技术发展趋势。这本书的出版，对于促进我国反射地震采集方法技术的进步非常有益。

经过 50 年来几代地球物理学家的共同努力，我国已经成为陆上地球物理勘探第一大国，中国的地球物理服务公司在世界陆上地球物理勘探市场取得的份额最高，近年连续超过世界陆上合同总额的 20％。中国石油天然气集团公司下属的东方地球物理勘探有限责任公司陆上地球物理勘探合同额居世界第一，本书主要作者倪宇东正是东方地球物理勘探有限责任公司采集技术支持部的总工程师。非常高兴看到他写书与读者分享他的经验，推进地球物理勘探事业的发展。

中国科学院院士 杨文采

2013 年 12 月 7 日

可控震源地震勘探技术是地震勘探技术的重要组成部分。可控震源地震勘探技术具有"安全、环保"的特点，其激发的扫描信号出力大小、扫描时间、相位、频率等参数可根据不同工区地表条件、深层地震地质特征的不同而调整。正是由于这些优点，可控震源地震勘探成为地震勘探重要组成部分。特别是在 2000 年前后的 20 年中，随着地震记录仪器装备的跨越式进步，可控震源地震勘探技术得到了突飞猛进的发展。笔者多年从事地震勘探采集技术研究工作，在 2012 年前后，组织了相关专家对笔者多年调查、研究的成果进行了补充与完善，完成了本书的编写工作。可控震源又分为纵波可控震源、横波可控震源、多波可控震源等，本书只介绍纵波可控震源地震采集方法。

推广可控震源地震勘探技术是编写本书的重要目的。（1）推广该技术符合"安全、环保"、"可持续发展"的要求；（2）有利于推广使用"宽（全）方位、宽频、高密度三维地震勘探"技术，该技术是解决油气勘探精度要求的重要方法之一，但是其偏高的价格限制了它的使用，可控震源高效采集方法可以提高效率，合理控制成本，使"宽（全）方位、宽频、高密度三维地震勘探"成为"用得起"的技术；（3）宽（全）方位、高密度三维地震勘探的推广使用提供了高精度的地震资料，满足了油气勘探的需求，加快了油气勘探的进程，符合国家能源战略要求；（4）通过总结、研究工作可以带动新一轮地震勘探部署，解决从事地球物理勘探的企业面临的经营压力、解决企业员工的就业问题，具有良好的经济效益、社会效益。

全书包括绪论共分为八个部分。

绪论部分，重点回顾了可控震源的发展历程。

第一章主要介绍可控震源系统基本结构及工作原理。本章力求使读者能够基本了解可控震源的工作原理及系统本身的结构特点，从而确保在生产过程中正确使用可控震源，初步判断可控震源在生产过程中发生的故障，初步解决由于故障而产生的问题。本章主要由刘金中、王光德主笔，倪宇东对素材做了适当的编改工作。

第二章主要阐述可控震源地震勘探理论基础，包括地球物理褶积模型、扫描信号分类、相关方法，以及可控震源原始地震资料噪声分析。这一部分从对比炸药震源与可控震源地震勘探的数学物理模型出发，阐述可控震源地震勘探的物理含义。这一章是可控震源地震勘探的理论基础，无论是可控震源常规采集还是高效采集，都需要把扫描信号与振动记录做互相关处理，从而压缩振动记录，获得通常意义的单炮记录。本章主要由倪宇东编写。

第三章介绍可控震源常规采集方法。重点介绍了观测系统参数选择、扫描信号参数选择、野外生产基本流程、典型实例等内容。本章主要由倪宇东编写。

第四章主要介绍可控震源高效采集技术，包括交替扫描、滑动扫描、独立同步激发等技术的基本方法原理。可控震源高效采集技术必然带来相应的噪声，其中谐波噪声、邻炮干扰是主要的噪声。本章介绍了谐波噪声、邻炮干扰产生的机理和特点，同时介绍了压制这两种噪声的几种方法。另外还介绍分析了国内外使用高效采集方法的典型实例。本章主要由倪宇东编写，梁晓峰、张建军分别在谐波压制和邻炮干扰压制技术方面做了补充。

第五章重点介绍可控震源高保真采集技术。可控震源高保真采集技术是可控震源地震勘探技术的重要组成部分，由于该技术需要记录地面力信号，因此没有得到大规模的应用。"十一五"期间，倪宇东作为主要技术负责人之一，带领科研团队深入开展了这项技术的野外试验及室内研究工作。本章重点介绍这项技术的基本原理及野外采集方法、数据分离技术、野外试验情况及效果。本章主要由倪宇东编写，雷云山、马涛在数据分离方法上做了大量的研究工作。

第六章重点介绍可控震源地震采集相应配套技术，主要包括通信、定位及导航技术，地震仪器、数据转储及质量控制方法等。由于涉及仪器专业、测量专业方面的知识，因此读者可以有选择地阅读本章内容。本章由刘金中、王光德、倪宇东、王井富共同编写。

第七章介绍了可控震源地震采集技术发展趋势。笔者认为，可控震源低频勘探技术、宽频及大吨位可控震源采集技术、高效与高保真融合技术是未来可控震源发展的方向。本章主要由倪宇东编写。

本书较为系统地介绍了可控震源地震勘探采集技术，希望能为在校大学生及硕士研究生、初步接触可控震源地震勘探的工程技术人员提供学习的基础素材，同时希望能够为致力于可控震源地震勘探技术研究的高级工程技术人员提供一个深入了解这项技术发展情况的捷径。

本书编写的内容还有很多不足之处，希望读者能够及时提出宝贵意见，以便笔者改正失误。本书最大的遗憾是没有介绍可控震源地震资料后期处理、解释技术，笔者希望今后有机会能够补充这一部分内容，以回报读者的信任。

在本书编写过程中，秦天才主任为本书的编写提供了良好环境，奠定了坚实基础；纪迎章、李海翔、李扬胜、吕哲健四位高级工程师参加了部分技术的研究工作和数据处理工作；任敦占、杨和平两位高级工程师给予笔者大量的建议与意见。本书引用了东方地球物理勘探有限责任公司塔里木物探处、吐哈物探处、新疆物探处、青海物探处，以及国际勘探事业部的成功实例，在此一并感谢！笔者对关心支持本书出版工作的东方地球物理勘探有限责任公司及其采集技术支持部、国际勘探事业部的领导专家表示衷心的感谢！

绪　　论

地震勘探技术是石油勘探领域不可缺少的技术之一。1919 年，德国人 L. Mintrop 在德国申请了地震折射波法专利，开始了石油勘探的革命。1924 年，利用地震折射波法在得克萨斯海湾发现了 Orchard 油田，这是世界上第一个利用地震勘探方法发现的油田。1922 年，英国皇家学会会员 J. W. Evans 等人在英国申请的专利"地下构造研究改进方法"获得批准，该专利第一次明确提出反射波地震勘探方法，标志着地震勘探走向了反射波法时代。无论折射波法还是反射波法，都需要人工激发源激发地震波。人工激发源主要包括重锤、炸药震源、可控震源与气枪等。可控震源又分为纵波、横波可控震源。本书主要介绍纵波可控震源地震勘探方法。

可控震源地震勘探始于 20 世纪 50 年代的苏联及美国，至今已经有 60 余年的发展历史。20 世纪 50 年代末期，苏联首先研制了偏心轮振动器，而后又研制了液压式振动器。在此基础上发展了以激发编码信号为基础的可控震源地震勘探方法，苏联的可控震源地震勘探方法在 20 世纪 70 年代末期才真正走向工业化生产。美国大陆石油公司（CONOCO）在 1952 年开始了连续振动工作法试验，所谓连续振动工作法就是采用一个大质量的振动体，通过与大地紧密耦合的振动平板，向地下传送一组连续振动的弹性波信号，通过处理经过大地改造过的这组弹性波信号，获得与地下地质构造、地层岩性、地层含油气性等有关的信息。通常把产生连续振动信号的装置叫做可控震源。美国在 1956 年成立第一支可控震源地震队，同苏联一样直到 20 世纪 70 年代才开始真正现代意义的可控震源地震勘探生产。

可控震源地震勘探技术发展到今天，一般可以划分为三个阶段。第一阶段是试验阶段，时间段是从 20 世纪 50 年代开始到 60 年代末期。第一阶段是可控震源系统本身研发阶段，主要通过野外采集试验来发展与完善可控震源系统本身。第二阶段是大规模应用阶段，时间段是从 20 世纪 70 年代初到 80 年代末期。一般称该阶段为可控震源常规生产阶段，该阶段一般采用多台可控震源组合激发的方式，通过互相关处理方法获得野外单炮记录。常规生产阶段采用逐点依次激发的方式，野外生产效率低，在这一阶段的中后期，野外日生产炮数才刚刚达到 300～500 炮。第三阶段是可控震源高效采集阶段，时间段是从 20 世纪 90 年代初一直发展到现在。在这一阶段中，先后出现了交替扫描技术（Flip‑Flop Sweep）、滑动扫描技术（Slip‑Sweep）、独立同步扫描技术（ISS：Independent Simultaneous Sweeping）、可控震源高保真地震勘探技术（HFVS：High Fidelity Vibratory Seismic）等。目前，可控震源高效采集方法最高日生产炮数可达 20000 炮以上。

可控震源地震勘探不仅具有"安全、环保"的特点，还具有出力大小、频率范围、扫描时间、相位等参数可根据具体的工区地表条件、深层地震地质条件而调整的特点。正是由于这些特点，可控震源在地震勘探领域占据重要的位置。1975 年美国陆上地震勘探总工作量的 43% 是利用可控震源采集的；2009 年上半年，全球陆上地震勘探工作量的 80% 是使用可控震源完成的。我国在 1975 年首次引进美国 Geospace 公司的 12 台 M10/601 可控震源，并于 1976 年第一次在玉门酒西、花海盆地开展了试验工作。从 1976 年到 2012 年，可控震源在我国石油勘探领域发挥了巨大的作用，尤其是在中国西部复杂山地山前带巨厚砾石发育区的使用，为我国西部前陆盆地油气勘探的重大发现发挥了重要作用。1976 年在玉门采用的是 30000lb 的可控震源，激发参数采用了 4 台组合激发、10～20 次扫描方式，扫描频率是 13～52Hz，扫描长度是 10～22s。这种激发方式意味着平均每获得一张单炮记录需要 100～440s（没有计算每个振次间的等待时间和炮点之间的搬家时间）。目前在国内普遍采用了 60000lb 的可控震源，野外一般采用 2～4 台组合激发、2～4 次扫描的方式。从 2010 年以后，开始尝试并逐步采用一次扫描的方式，扫描频率一般在 6～96Hz、扫描长度一般在 10～14s。这就意味着平均每获得一张单炮记录需要 10～14s（同样没有计算每个振次间的等待时间和炮点之间的搬家时间）。对比 1976 年与 2010 年前后的方法，不难看出，由于可控震源系统本身的进步，直接带动了生产方式、生产效率的改进，当然这其中有记录仪器系统发展的贡献。

国内在可控震源使用上与国外有很大的差距。笔者曾在 2009 年对比了东方地球物理勘探有限责任公司 2004 年到 2008 年承担的国内外地震勘探项目可控震源的使用情况：国内一共有 531 个地震勘探项目，使用可控震源的项目为 44 个，比例仅仅为 8.3%；国际一共 413 个项目，使用可控震源的项目为 234 个，比例为 56.5%；国内 44 个项目中面积超过 500km² 的仅仅占 6.8%，国际 234 个项目中面积超过 500km² 的占到 47.5%；国内可控震源项目多在戈壁区，占总项目的 68.2%，沙漠使用可控震源的项目仅仅为 4.4%；国外可控震源项目以沙漠地区为主，占总项目的 40.3%，戈壁使用可控震源的项目为 34.0%。国内使用可控震源项目多以常规采集技术为主，2010 年以后才尝试使用交替扫描与滑动扫描技术，而国外已经广泛使用滑动扫描技术，并发展了多种高效采集技术。

中国发展到今天，越来越重视和谐社会的建设，越来越重视科学发展。"安全生产、绿色环保"已经成为社会最为关注的主题，可控震源在国内大规模推广使用恰恰符合这一主题的要求。随着可控震源新技术的发展，"安全、环保"的可控震源必将代替大部分炸药震源。

第一章 可控震源系统基本结构及工作原理

按照激发地震波的类型，可以把可控震源分为纵波可控震源、横波可控震源、纵横波可控震源。其中纵波可控震源在世界范围内数量最多、应用最普遍。本章主要介绍纵波可控震源基本结构及工作原理。

第一节 可控震源系统发展介绍

可控震源系统研制始于 20 世纪 50 年代的苏联及美国，开始批量生产并实现工业化应用是在 20 世纪 70 年代，业界把 70 年代以后的震源系统称为现代可控震源系统。现代可控震源系统具有如下特点：振动系统采用液压伺服控制的振动器，其激发频率和激发能量容易调整，激发信号同步控制精度提高，可以采用多台同步垂直叠加方式进行作业，大部分可控震源开始采用单独设计的专用承载底盘，这使得可控震源在野外复杂地表条件下行驶通过能力大大提高。随着勘探深度不断增加和对资料高分辨率的追求，可控震源从早期的200001b 峰值出力能力已经发展到具有 900001b 峰值出力能力，相位控制也已经从最初的90°发展到 1°。相位控制是一个非常重要的指标，它体现了可控震源对其激发的信号波前相位变化的控制能力以及对激发信号频率变化的控制能力。控制能力越强，震源组合激发同步效果越好，越有利于增加激发能量、增大勘探深度、实现高精度同相叠加。

从表 1-1 可以看到，可控震源技术每隔 10 年就有一个大的进步。20 世纪 70 年代以前，苏联 CB 液压型可控震源为代表的可控震源峰值出力仅仅为 100001b，相位控制能力仅仅为 90°，经过 40 年之后，以法国 Sercel 公司 Nomad90T 为代表的可控震源出力已经达到峰值 900001b，相位控制精度达到 1°。业界通常把峰值出力大于等于 600001b 的可控震源称为大吨位可控震源。目前生产可控震源的厂商主要有中美合资的 Inova 公司、法国 Sercel 公司、美国 IVI 公司、俄罗斯 Geosvip 公司、美国 Seismic Source 公司、东方地球物理勘探有限责任公司（BGP，简称东方地球物理公司）。目前主流可控震源峰值出力为 600001b、扫描频带为 6～250Hz。2000 年以来，法国 Sercel 公司推出了 900001b 可控震源、ION 及BGP 也相继推出 800001b（40t）可控震源。图 1-1 是三种具备不同峰值出力的可控震源。可控震源在衡量振动能力方面的主要技术指标包括峰值振动输出力、最大静载荷压重、最低频率、重锤质量、平板质量等，在描述运载底盘方面包括动力类型及动力值、整车整备质量、外形尺寸、通过能力等指标。

可控震源系统本身非常复杂，包括电控系统、液压伺服系统、动力系统、传动系统、辅助系统等。对于专门从事石油地球物理勘探的工程师来讲，了解上述各子系统的基本功能原理虽然是必要的，但更需要了解可控震源系统是如何完成地震勘探工作的。从这一角度分析可控震源系统，就可以把它分解成三大部分：可控震源振动系统、控制系统、相关器及其他辅助系统。本章简单介绍这三个部分的构成及工作原理。

表 1-1 不同年代可控震源峰值出力、相位控制能力

项　　目	20 世纪 60 年代	20 世纪 70 年代	20 世纪 80 年代	20 世纪 90 年代	21 世纪
峰值出力（lb）	10000	30000	50000	60000	90000
相位控制（°）	90	20	10	1	1

图 1-1　三种典型的可控震源

a—20 世纪 70 年代美国 19000lb Y900 可控震源；b—东方地球物理公司 60000lb KZ28 铰接型可控震源；
c—为法国 Sercel 公司 90000lb Nomad90T 可控震源

第二节　振动器及辅助系统

一、振动器及工作原理

可控震源振动系统的核心部分之一是振动器。虽然各个厂家、各个型号的可控震源的振动器结构不同，但主要组成部分和工作原理是相似的，一般振动器主体由反作用重锤、平板、活塞杆、隔振空气气囊、定心空气气囊、平衡拉杆、框架等组成（图 1-2）。可控震源勘探采用的连续振动扫描信号就是由电控箱体控制、由振动器发出并传入大地的。基本工作原理如下：可控震源上安装的电控箱体根据扫描参数置入情况产生扫描参考信号，该信号是只有数十毫安的微弱电信号，该信号输入到振动器上安装的电液伺服阀，电液伺服阀把这个微弱电信号转换成相应液压油流信号并进行功率放大，这些高压、大功率的液压油流就随着这个电信号的极性和强弱变化而交替进入重锤内部液压缸的上腔或下腔，从而驱动重锤沿着重锤活塞杆加速向上或向下运动，重锤活塞受到重锤液压腔内的液压油反作用

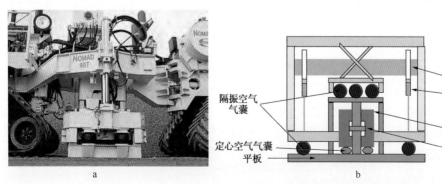

图 1-2　振动器实物图（a）和振动器结构示意图（b）

力而产生与重锤相反方向的加速度，因震源平板与重锤活塞杆刚性连接在一起而具有与重锤活塞同样的加速度。振动器上的平板加速度、重锤加速度、重锤相对于平板的位移、电液伺服阀三级阀芯的位移情况均通过安装的传感器检测并实时传给电控箱体，电控箱体通过这些反馈信号实时掌握振动器工作状态，并调整输出到电液伺服阀的信号以确保振动器的振动扫描信号是符合前期设计好的地震勘探需要的扫描信号。振动器平板在震源工作中是以设定的压重压力被紧紧的压在地面上，重锤加速度和平板加速度的矢量和引起平板对大地的压力变化，这个压力变化就被平板下的近地表弹性介质转换为弹性振动波而向地下传播开去。这个振动波信号就是平常所说的地面力信号。不考虑震源液压系统压力变化和液压油泄漏等因素，可控震源地面力可简单地表示为震源重锤加速度和平板加速度分别与重锤和平板质量乘积的加权和，即

$$GF = M_m A_m + M_{BP} A_{BP} \qquad (1-1)$$

式中：GF 为可控震源输出地面力；M_m 为重锤质量；A_m 为重锤加速度；M_{BP} 为平板质量；A_{BP} 为平板加速度。

在这个表达式中，重锤质量 M_m 和平板质量 M_{BP} 不变，变量为重锤与平板的加速度，它们可由分别安装在重锤和平板上的加速度传感器测得，其加速度幅值变化大小取决于流入重锤油缸内液压油流的变化。一般该值等于或小于震源最大静载荷压重与震源名义振动输出力二者间的最小值。

二、运载底盘及其他部分

承载振动器的是可控震源的运载底盘。目前大吨位可控震源的运载底盘都是采用特殊设计的专用运载底盘，这类底盘结构强度高、野外施工通过能力强、可靠性高。大吨位可控震源底盘的驱动系统都采用闭式液压驱动系统，可控震源的前、后桥分别由两套独立的泵、马达组成闭式驱动回路进行驱动（Nomad65 可控震源采用一个驱动泵）。每个回路包括一个变量泵、一个变量马达、一个变速箱和驱动桥。动力传递路线是：发动机—分动箱—液压泵—液压马达—变速箱—传动轴-驱动桥—轮胎。

大吨位可控震源需要较大的功率，采用柴油发动机作为动力源，一般常用卡特彼勒公司的 3406C 柴油发动机和 C13、C15 电喷柴油发动机，底特律公司的 S60 系列电喷柴油发动机。少量震源还选用了其他一些型号发动机。

为了保证可控震源能正常工作，可控震源中还有大量直流电路控制系统、气压控制系统、辅助液压控制系统等。上述内容的详细深入介绍请参阅相关专业书籍，在此不再做重复介绍。

三、重要概念

液压峰值力（HPF）：它等于其振动器重锤活塞面积（S）与震动液压系统高、低压力差（$p_h - p_l$）的积。该参数表征了可控震源理论上的最大激发能力。

静载荷压重（HDW）：由于可控震源是采用反作用原理工作的，因此，可控震源的最大静载荷压重是指可控震源所能提供的保证振动器平板在激发过程中不发生脱耦的最大下压力。在扫描过程中，平板一定要与大地保持紧密接触，因此静载荷压重必须要大于等于液压峰值力。因为重锤与平板的重量之和一般不会超过 5～6t，因此，单靠重锤与平板的重

量是难以满足这个要求的。为了能够达到静载荷压重的要求，通常设计都利用可控震源车身的一部分质量。这一参数是可控震源实际所能产生的最大有效激振力的极限值。如果激发过程中可控震源产生的振动输出力超过该值，则该次振动记录将有可能成为废品。原因是当震源在激发过程中的输出力超过该值时震动平板有可能会产生脱耦现象。由于脱耦，在记录上将会出现一系列连续的"落重"脉冲，这样的记录经过相关处理后，从脉冲产生处开始，将会形成一些倒序的扫描信号，由于这些倒序扫描信号的影响，将严重屏蔽地下有效的反射信号。另外，由于该值与可控震源提升系统的调定压力、整车质量（三分之二的燃油、液压油额定质量）有关，因此，野外实际使用中往往小于该值，所以为了保证震源在振动过程中不出现震动平板与地面脱耦的风险，许多控制系统在使用该参数时自动将该参数缩小10%，因此当最终质量控制数据显示检测的振动输出力振幅达到100%时，实际的振动输出力仍然不超过可控震源的最大静载荷压重。

可控震源振动器等效平板质量：可控震源的等效平板质量的设置将影响系统控制的计算精度，错误的设置将通过系统对输出力和相位的计算控制，影响可控震源的激发效果。由于振动平板上还有一些附加结构，因此在计算平板质量时，通常要考虑到这些附加部分的质量，所以平板质量的规范称谓是等效平板质量。

可控震源的实际振动输出力：在可控震源实际应用过程中，很多人对可控震源的实际振动输出力到底是多少有些困惑，认为标称28t级的可控震源出力就应该达到28t，震源出力设置就应该是100%而不是现行的70%。实际上震源出力70%是指地面力的基波成分能量要达到峰值力或最大静载荷压重的70%，而震源激发的实际出力中基波只是其中一部分能量，还包括畸变能量成分。

第三节 控制系统

一、控制系统组成

可控震源控制系统包括安装在每台可控震源上的电控箱体及各种传感器，还包括安装在数据采集系统上的编码器。

作为地震勘探机械式激发源的可控震源系统与炸药震源一样都需要产生向地下传播的激发信号。可控震源系统产生的是具有一定延续时间的连续振动信号，称为扫描信号或真参考信号，而炸药震源产生的是脉冲信号。电控箱体安装在每台可控震源驾驶室内，其主要作用是：产生地震勘探所需的连续振动信号；精确控制震源振动信号的相位与振幅；产生精确的同步启动信号；实施震源振动性能的质量监视。为了控制可控震源实现扫描功能，在可控震源上安装有电液伺服阀，用以将电控箱体输出的数十毫安的微弱电控制信号转换成相应液压油流信号并进行功率放大以驱动可控震源的振动器产生地震勘探需要的扫描信号。在对可控震源进行扫描控制的过程中，电控箱体需要实时掌握振动器振动状态信号，这些信号包括：重锤加速度信号，平板加速度信号，重锤位移行程信号和三级电液伺服阀阀芯位移行程信号。这样，在可控震源振动器上，重锤上安装重锤加速度表检测重锤加速度；平板上安装平板加速度表检测平板加速度，重锤与平板之间安装重锤位移传感器检测重锤相对于平板的位置；在伺服阀的三级电流放大阀上安装有阀位移传感器以检测其阀芯位置。在可控震源工作过程中，这些传感器检测到的信号实时传给电控箱体，使电控箱体了解可控震源振动器对送入到伺服阀力矩马达中的电流信号是如何进行响应的，以调整下一步送到力矩马达的电流，使可控震源产生的机械振动信号符合要求。在整个扫描过程中，电控箱体利用上述两个加速度信号实时计算实际出力情况，并与其内部的参考信号比较生成该次扫描的质量控制报告。

编码器安装在地震仪器车上，它的主要功能是：产生用于相关的真参考信号，通过数据采集系统与各检波点记录的振动信号进行实时相关处理以获得相关地震记录；对所有的震源进行遥控参数装载；控制参加施工的震源同步启动；通过无线电接收震源的实时监控数据进行质量实时控制等。

目前国际上常见的可控震源控制系统主要有两种：第一种是 Inova 公司提供的 ADV 系列；第二种是 Sercel 公司提供的 VE 系列。这两个系统的设计思路与系统结构差异较大，都有不同于彼此的特点。

二、VIB PRO 电控系统

VIB PRO 可控震源控制系统也称为 ADVIII，是中美合资 Inova 公司生产的，其早期的产品分别称为 ADVI、ADVII，这两种型号产品目前均已淘汰。该系列产品最早由美国 Pelton 公司研发制造，现该公司归属 Inova 旗下。VIB PRO 可控震源控制系统通常包括一个编码器和数个电控箱体以及相应加速度表和控制缆线等。其编码器全称为编码扫描发生器（encoder sweep generator，缩写为 ESG），施工时配置在数据采集系统上，完成可控震源和数据采集系统的同步控制与数据通信，并产生与记录在数据采集系统数据道的信号进行相关处理的真参考信号源；电控箱体全称为可控震源控制箱体（vibrator control electronics，缩写为 VCE），配置在可控震源上，完成对可控震源输出信号的控制，并将控制结果传回到 ESG。其设计理念是编码器与电控箱体具有相同的架构和外形，可以通过其设置界面手动进行编码器与电控箱体之间的转换（图 1 - 3a）。

作为使用者来说，VIB PRO 系统区别于 VE 系列电控箱体的主要特点在于：控制模型不同于 VE 系列电控箱体；软件界面上，VIB PRO 系统给了使用者更多的空间对可控震源的各种控制和扫描参数进行设置，同时扫描参数设置、标定等都可以直接通过箱体执行，而 VE 系列电控箱体必须通过手部才能对其进行相应的操作；可以作为 Shot ProTM 编码器使用；带有内置或外置 GPS 选项，VIB PRO 系统可以提供精确的时间和 GPS 定位信息，在地图上也可以支持导航功能，实时的 GPS 导航显示在计算机屏幕上。

在扫描作业期间，VIB PRO 系统可以进行许多项目的测试。测试分析结果由箱体传回编码器，这个报告叫做扫描事后服务报告，简称 PSS 报告。编码器和所有箱体的 PSS 报告在扫描完成后，相继显示在与编码器相连的计算机显示器上。系统自动把 PSS 报告的结果与操作员输入的参数/性能误差容限作比较，当超出这个限度时，在显示器上报告错误信息。因为 PSS 系统自动完成了对震源性能综合的测试，所以现在很少再做传统的模拟信号一致性检查。

在使用 VIB PRO 电控箱体时，不管是不是与 VIB PRO 兼容的仪器，一般都会选配一个计算机与编码器相连接，计算机是用来控制编码器的操作，为所有震源加载参数、记录和显示 PSS 信息、分析电台一致性。可以增选一台计算机用于震源的导航和显示存储震源的重要数据。震源 GPS 选件由固定在编码器和震源上的 GPS 接收机、GPS 天线和接收校正信息系统组成。震源 GPS 选件能够记录震源的位置，而且提供在震源系统内部自动校准的高精密时钟。

编码器和箱体的所有操作参数（包括激发参数、控制参数、质量监视参数等）都可以通过遥控方式加载到每一台震源里。一些参数如扫描参数，在编码器和箱体方式中都要使用；另外一些参数如相位和力控制参数是特定环境下的操作参数，仅用于编码器或者箱体。

三、VE 系列电控系统

VE 系列可控震源控制系统是法国 Sercel 公司生产的，当前在产的是 VE464（图 1-3b），其早期的产品分别称为 VE416、VE432，这两种型号产品目前均已淘汰。VE 系列可控震源控制系统通常包括一个编码器和数个电控箱体以及相应加速度表和控制缆线等。其编码器全称为数字信号发生器（digital pilot generator，缩写为 DPG），施工时配置在数据采集系统上，完成可控震源和数据采集系统的同步控制与数据通信，并产生与记录在数据采集系统数据道的信号进行相关处理的真参考信号源；电控箱体全称为数字伺服控制器（digital servo driver，缩写为 DSD），配置在可控震源上，完成对可控震源输出信号的控制，并将控制结果传回到 DPG。VE464 系统是 Sercel 近几年推出的新一代采用全数字自适应伺服控制理论设计的可控震源控制系统。目前几乎可以实现所有先进的可控震源应用技术，如伪随机码扫描、多组激发源交替或滑动扫描、HPVA 扫描、编码扫描、分段扫描，可以与大多数卫星 DGPS 或 Glonass（原苏联的全球定位系统）接收机兼容，用于激发源的定位。

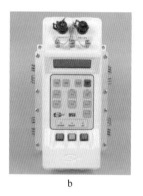

图 1-3　美国 ION 公司 VIB PRO 电控箱体（a）和
法国 Sercel 公司 VE464 电控箱体（b）

VE464 系统 DPG 有如下特点：DPG 通过以太网连接到数据采集系统并作为 VE464 系统的主控单元；DPG 完全与 Sercel 采集系统（428XL）集成，也可以连接到其他的使用其自身图形用户接口的采集系统；DPG 能够产生多至 32 种数字先导扫描信号，同时产生两种不同的模拟先导扫描信号。24 位的数字先导扫描信号使得信号的产生有更好的质量和更低的噪声。先导或者一个参考扫描是从操作员定义的 32 个基础信号库和高级参数结合而产生的；DPG 与配套的数据采集系统联机能够实现大规模高效滑动扫描生产。

VE464 系统数字伺服驱动器（DSD）安装于每一台震源车内，DSD 完成震源地面力的实时控制，同时计算和传输完整的 QC 数据。提供的维护模式使震源性能和 GPS 系统检查非常容易；DSD 能够作为从属震源电控箱体去控制从属采集系统（此种情况下它不控制任何震源）。VE464 系统 DSD 可以和外部 Tablet PC 一起连接作为一个 QC 终端或者作为 GPS 导航选件的大屏幕监控器，Tablet PC 容易提供 DSD 编程、高效完成一台 DSD 伺服参数与另一台 DSD 伺服参数的比较。此外，Tablet PC 可使 DSD 之间使用 WiFi 网络连接，保证它们的设置有系统的配置参数。扩展 QC 数据可以实时发送到采集系统或者储存在 Table PC 或 USB 存储卡里，用于一些特殊的采集方法（如 HFVS）来进行分析和处理。这些数据包括基值地面力、参考信号、重锤加速度信号和平板加速度信号。根据施工方法、投入设备情况，VE464 可以采用不同的通信配置方案，一台 VE464 编码器可以控制多达 32 组震源。

第四节　相　关　器

　　可控震源相关器安装在仪器车上，主要功能是把野外采集的原始信号与编码器发来的真参考信号做互相关、叠加处理，从而得到通常意义的原始单炮记录。目前大多数仪器没有独立的相关器，通过软件实现相关、叠加处理。

第二章 理论基础

可控震源与炸药震源地震勘探的理论基础是相同的，采用两种方法获得的反射地震波场都可以使用褶积模型表示。炸药震源激发的信号接近脉冲信号，相应的地震道可以直接用褶积模型代替。而可控震源激发的是长扫描信号，需要通过互相关处理压缩携带地质信息的振动记录，从而得到地震道。地震道可以用扫描信号自相关子波与反射系数序列脉冲响应褶积模型代替。

第一节 反射地震波场褶积积分模型

反射地震勘探方法是在地表观测来自地下反射信号的一种方法，可以应用波动方程初边值问题的 Kirchhoff 积分方程求解波动方程积分解（吉洪诺夫等，1961）。Kirchhoff 方程表明，给定一个封闭边界上的波场及其空间导数的函数值，可以计算边界内均匀介质区域波的传播过程。在反射地震中应用的 Kirchhoff 方程，来源于向量分析及场论中的格林积分定理。设 x 为区域 Ω 内的一个点，Kirchhoff 方程表达为

$$u(x,t) = \frac{1}{4\pi}\iint_S \left\{ \frac{1}{r}\left[\frac{\partial u(x',t')}{\partial n}\right] - [u(x',t')]\frac{\partial}{\partial n}\left(\frac{1}{r}\right) + \frac{1}{cr}\left[\frac{\partial u(x',t')}{\partial t}\right]\frac{\partial r}{\partial n} \right\} \mathrm{d}S_{x'}$$

$$+ \frac{1}{4\pi}\iiint_\Omega \frac{[f(x',t')]}{r}\mathrm{d}\Omega_{x'} \tag{2-1}$$

式中：u 为满足非齐次声波方程的波场；n 是区域边界的外单位法线向量，在式中代表导数方向；f 为波动方程右端的力源项，r/c 表示时间相移；r 为积分元 x' 到计算点 x 的距离。

钱荣钧（2008）推演了自激自收地震道（零炮检距道集）褶积积分模型。假定在三维无限均匀连续介质中，存在一个有限大小的反射面 S，求该面与点源同侧区域 Ω 内的任一点处的反射波场。先设点源为激发频率 ω 的简谐波，点源到界面元 $\mathrm{d}s$ 的距离为 r_0，均匀介质波速为 c，则界面 S 上的反射波场 u 可以表示为

$$[u] = \frac{A_0}{r_0}\mathrm{e}^{\mathrm{i}\omega\left(t-\frac{r_0}{c}\right)} \tag{2-2}$$

其中设 S 面反射系数为常数 A_0，已知界面上的波场，应用 Kirchhoff 方程还要求其法向方向的导数。假定自激自收时 $r = -r_0$，有方程（2-3），即

$$\frac{\partial u}{\partial n} = -\frac{\partial r}{\partial n} \tag{2-3}$$

钱荣均（2008）推导出方程（2-4），即

$$\frac{\partial u}{\partial n} = \frac{\partial r_0}{\partial n}\left(-\frac{1}{r_0} - \frac{\mathrm{i}\omega}{c}\right)[u] \tag{2-4}$$

把方程（2-2）、方程（2-3）、方程（2-4）代入方程（2-1）中的各项即可应用 Kirchhoff 方程得到

$$u(r,t) = \frac{1}{2\pi} \iint_S \left[-\frac{\partial}{\partial n}\left(\frac{1}{r}\right) + \frac{1}{cr}\frac{\partial r}{\partial n}\frac{\partial}{\partial t} \right] \frac{A_0}{r} e^{i\omega\left(t - \frac{2r}{c}\right)} \, dS \tag{2-5}$$

式中：n 是 S 界面的外法线方向。（2-1）式中 f 为波动方程右端的力源项，在此处为零。由于自激自收反射波旅行为双程，一次反射波相对炮源的推迟时间为双程时，所以推迟时间应为

$$t' = t - \frac{2r}{c} \tag{2-6}$$

为导出反射波显式，进一步假定反射面 S 为水平面上的圆盘区域，其半径为 d；圆盘中心放置圆柱坐标系 (x, θ, z) 的 z 轴，S 位于 $z=0$ 平面内，ds 即为宽度 dx 很小的对称圆环。自激自收点在面 S 上方，高度为 h。共炮检点到 ds 距离为 $r^2 = x^2 + h^2$，这时，面元 $ds = 2\pi r dr$。

$$\frac{\partial r}{\partial n} = \frac{h}{r} \tag{2-7}$$

$$\frac{\partial}{\partial n}\left(\frac{1}{r}\right) = \frac{-h}{r^3} \tag{2-8}$$

方程（2-6）、方程（2-7）、方程（2-8）表明方程（2-5）的面积分可化为对单变量 r 的积分；令 $q^2 = h^2 + d^2$，把方程（2-6）、方程（2-7）、方程（2-8）代入方程（2-5）得到

$$u(r,t) = A_0 \left[\int_h^q \frac{h}{r^3} e^{i\omega\left(t - \frac{2r}{c}\right)} \, dr + \int_h^q \frac{h}{cr^2}(i\omega) e^{i\omega\left(t - \frac{2r}{c}\right)} \, dr \right] \tag{2-9}$$

用分部积分法积分得到

$$u(r,t) = A_0 \left[\frac{1}{2h} e^{i\omega\left(t - \frac{2h}{c}\right)} + \frac{h}{2q^2} e^{i\omega\left(t - \frac{2q}{c}\right)} \right] \tag{2-10}$$

方程（2-10）表明，在三维无限均匀连续介质中一个有限大小的反射面 S 上方，自激自收波场记录由两部分组成。第一部分为反射波，即上式中的第一项，相移 $T_1 = 2h/c$，振幅与距离成反比，它只在反射面 S 上方能接收到。第二部分为绕射波，即上式中的第二项，相移 $T_2 = 2q/c$，振幅与距离 q 的平方成反比。反射面 S 半径加大时绕射波振幅快速减小而相移快速增大，无限大反射面的绕射波趋于零。方程（2-10）的积分解表明，有限大小的界面的反射波场由反射波和绕射波两部分组成，反射波由反射面激发，振幅衰减与距离成比例；绕射波由反射面的侧边界激发，振幅衰减与距离平方成比例。

把方程（2-9）改写为

$$u(r,t) = A_0 \int_h^q \left[\frac{h}{r^3} + \frac{h}{cr^2}(i\omega) \right] e^{i\omega\left(t - \frac{2r}{c}\right)} \, dr \tag{2-11}$$

令传播时差为

$$\tau = \frac{2r}{c}, \quad d\tau = \frac{2}{c} dr, \quad p = \frac{2h}{c}$$

则（2-11）式可以写成

$$u(r,t) = 2A_0 \int_0^\infty \left(\frac{p}{c\tau^3} + \frac{i\omega p}{c\tau^2} \right) e^{i\omega(t-\tau)} \, d\tau = \int R(\tau) w(t-\tau) d\tau \tag{2-12}$$

式中

$$R(\tau) = 2A_0 \left(\frac{p}{c\tau^3} + \frac{\mathrm{i}\omega p}{c\tau^2} \right) e^{\mathrm{i}\omega(t-\tau)} \mathrm{d}\tau$$

$$w(t-\tau) = e^{\mathrm{i}\omega(t-\tau)}$$

方程（2-12）就是用频率域波动方程的 Kirchhoff 方程推导出的自激自收地震道褶积积分模型，表示均匀介质中水平反射面一次反射波和绕射波组成的地震道可表示为褶积积分。式中 $R(t)$ 相当于振幅函数，$w(t) = \exp(\mathrm{i}\omega t)$ 相当于相移函数。当震源可以视为叠加的简谐振动时，可应用方程（2-12）褶积积分计算自激自收地震道。

第二节　地震记录褶积模型

一、褶积模型

当地下地层呈水平层状、震源子波为平面纵波且法向入射到地层界面时，炸药震源地震记录道可以用简化褶积模型（没有考虑记录仪器系统等的滤波作用）表示，即

$$x(t) = w(t) * e(t) + n(t) \tag{2-13}$$

式中：$x(t)$ 为地震记录道；$w(t)$ 为基本震源子波；$e(t)$ 为地层脉冲响应；$n(t)$ 为噪声。在相同的假设前提下，可控震源振动记录也可以用方程（2-13）的褶积模型表示，只不过 $w(t)$ 被扫描信号自相关子波代替。

假设 $s(t)$ 代表扫描信号，$s'(t)$ 代表可控震源地震勘探接收的振动记录，由于 $s(t)$ 是一个连续长扫描信号，频率与振幅是时间的函数，因此它传播到地下并与地层脉冲响应 $e(t)$ 褶积后形成长的振动记录 $s'(t)$，这一过程可以表示为

$$s'(t) = s(t) * e(t) \tag{2-14}$$

$s'(t)$ 也是一个长的连续信号，在不同的时间同一个地层的脉冲响应与某一频率信号的褶积结果构成了一个复杂的长连续信号，其中还含有面波、源致干扰等。如何把同一地层不同时间出现的不同频率与地层脉冲响褶积结果叠加到一起并按照地层时间深度重新排列起来，这是一个压缩信号长度的问题。一般采用互相关方法压缩信号长度。把扫描信号 $s(t)$ 与振动记录 $s'(t)$ 做互相关处理即可压缩信号长度。$s(t)$ 与方程（2-14）做互相关处理后，再加上噪声 $n(t)$ 就可以得到类似于方程（2-13）的方程（2-15）。

$$x(t) = k(t) * e(t) + n(t) \tag{2-15}$$

式中：$k(t)$ 是零相位 Klauder 子波，是 $s(t)$ 的自相关子波。对比方程（2-13）与方程（2-15），可以看到，两者的形状完全相同，Klauder 子波 $k(t)$ 可以通过相位转换转变成为最小相位震源子波 $w(t)$。由此可见，可控震源地震勘探与炸药震源地震勘探的数学物理基础是相同的。方程（2-15）等号左端代表了一个可控震源地震记录道，把某一炮对应的所有地震记录道按照炮检距大小顺序组合到一起，就构成了一个可控震源地震单炮记录。

需要注意的是，方程（2-15）是可控震源简化褶积模型，这一简化褶积模型没有考虑可控震源机械—液压系统、可控震源—大地系统、仪器记录系统等对扫描信号的改造，如果考虑这些因素，那么方程（2-15）的互相关子波就不是零相位子波，而是一个混合相位子波，实际情况也是如此。绝大多数生产项目都是使用方程（2-15）表达的简化褶积模

型，因为这一模型简单实用、物理含义清晰明了，方程（2-15）是采用相关法可控震源地震勘探技术的最基础的理论模型。

二、可控震源与炸药震源地震记录

可控震源与炸药震源地震勘探的地球物理基础是一样的，两种震源产生的信号在大地传播过程中都遵循地震波传播理论、大地对它们都具有相同的吸收与衰减作用。但是在野外生产操作、产生激发信号方式及激发信号的特征上是有区别的：可控震源在地面激发扫描信号并通过与地面良好耦合的振动平板向大地传播，发出的信号是一个长的连续扫描信号，延续时间在几秒到几十秒之间，在比较特殊的采集方法中，延续时间可以达到四十秒。连续扫描信号的扫描长度（连续信号的延续时间）、频带宽度、振幅大小、扫描方式（频率和振幅随时间的变化方式）都是可以控制的，扫描信号频带宽度是有限的，振幅与频率都是时间的函数。目前主流可控震源理论上可以生成6~250Hz的扫描信号。

当利用可控震源在野外生产时，必须保证可控震源与大地之间良好耦合，这样才能使可控震源与大地形成一个统一的振动系统。当静载荷压重不小于液压峰值力时，平板与大地之间接触紧密、不会发生脱耦现象。如果不考虑"可控震源机械—液压系统"和"可控震源—大地系统"的非线性畸变，那么可以认为可控震源—大地振动系统向地下传播的信号就是理论的扫描信号，当这个长扫描信号向周围传播时，同样遵循地震波传播理论。扫描信号传播过程中，在近地表、深部波阻抗界面、速度异常体、地层尖灭点、断层断点等位置形成面波、折射波、反射波、透射波、绕射波、散射干扰波等。由于扫描信号的振幅与频率是时间的函数，因此可控震源激发产生的这些波动比炸药震源激发产生的波动更为复杂，根本无法分辨反射、折射界面，无法确定这些界面的到达时间。地面仪器每一个记录道接收到的是一个复杂振动记录，记录时间长度是最深目的层反射时间的数倍。这样的振动记录必须通过与扫描信号互相关等处理才能被压缩而形成类似炸药震源地震道，所有记录道记录的振动记录完成互相关处理并按照炮检距大小组合在一起才能形成类似于炸药震源的单炮记录。

炸药震源在井中激发，激发的信号类似于脉冲信号，一般称为震源子波，它的延续时间是短暂的、毫秒级的，它的强度与炸药的类型（中爆速炸药、高爆速炸药、TNT炸药等）、药量大小等有关，震源子波的频谱宽度远大于可控震源扫描信号的频谱宽度。

炸药震源在地表一定深度（一般在20m以内）被引爆后，瞬时产生高温高压气体，高温高压气体对围岩产生强大的冲击，围岩单位平方厘米所受的压力达到数千公斤。围岩自内而外依次形成破碎区、塑性区及弹性区，塑性区与弹性区之间的界面就是初始（基本）地震子波 $w(t)$ 形成的部位。$w(t)$ 可以看做是脉冲子波，持续时间以毫秒计。同油气勘探目的层的深度相比，塑性区的大小可以忽略不计，炸药震源可以认为是点源激发。初始地震子波 $w(t)$ 不断向周围传播，并在近地表、深部波阻抗界面、速度异常体、地层尖灭点、断层断点等位置形成面波、折射波、反射波、透射波、绕射波、散射干扰波等，这些类型的波动返回到地面被记录仪器接收就形成炸药震源地震记录。方程（2-13）是炸药震源地震记录的简化模型，仅仅考虑了平面纵波垂直入射的情况，但是利用方程（2-13）表达的简化褶积模型物理含义非常直观，有利于读者的理解并被大多数文献所引用。

图2-1a是可控震源振动记录，图2-1b是可控震源振动记录与扫描信号互相关后的

单炮记录，图2-1c是炸药震源地震单炮记录。振动记录是一个复杂的波场，根本不能用于地质解释，必须经过与扫描信号互相关处理压缩后得到与炸药震源地震单炮记录c相似的地震单炮记录，才能够用于地质解释。但是b与c记录具有完全不同的物理意义，b记录仅仅是数学运算后得到的互相关子波，并不代表地面质点运动的真实情况，但是也包含了必要的地震勘探信息，如地震波的旅行时间、反射波等波场的能量强度以及极性特征等；c记录则真实反映了地面质点的振动波形信息，是具有直观地球物理含义的，可以直接用于地质层位的解释。b记录的初至前有类似初至的波场，这是因为互相关运算结果是零相位的，会产生对称于极值点的相关噪声，而c记录的初至前没有类似信息，因为炸药震源激发与其导致的地面质点运动之间是因果关系，是最小相位的；地层脉冲响应对应于可控震源记录的最大相关峰值位置、对应于炸药震源纪录的起跳位置。

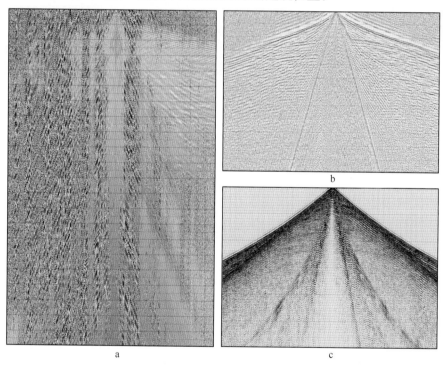

图2-1　典型记录

a—可控震源振动记录，时间长度为22s；b—扫描信号与a互相关后得到的可控震源
地震单炮记录，时间长度为6s；c—炸药震源地震单炮记录，时间长度为6s

　　总之，炸药震源激发能量强，对近地表具有非常大的破坏作用；炸药震源产生的震源子波频带很宽，但是由于大地的吸收衰减作用是固定的，脉冲信号大部分高频成分被吸收、衰减掉了，并没有反射回到地面，因此炸药震源的能效是低的。可控震源激发能量低，对近地表基本没有破坏作用，可以根据大地对信号的吸收、衰减特征合理设计扫描信号参数，避免设计无效的高频成分，从而提高可控震源使用效能。采用炸药震源激发可直接获得单炮记录，而采用可控震源激发必须通过相关处理或其他方法才能得到单炮记录。

第三节 扫 描 信 号

皮埃尔·古特劳德（1976）明确了扫描的含义，他指出，扫描是用于描述恒定振幅的连续振动信号，该恒定振幅的瞬时频率随着时间单调变化。可控震源地震勘探技术从 20 世纪 50 年代发展到今天，使用最多的还是早期使用的线性扫描信号。所谓线性扫描信号是指瞬时频率是时间的线性函数的扫描信号，所有瞬时频率不随时间呈线性变化的扫描信号都叫做非线性扫描。另外还有一种扫描信号叫伪随机扫描信号。

一、线性扫描信号

线性扫描信号的瞬时振幅与瞬时频率都是时间的函数，其中瞬时频率是时间的线性单调函数，频率变化率为常数。方程（2-16）、方程（2-17）表示的是常用的正弦线性扫描信号，即

$$s(t) = A(t)\sin 2\pi\left(F_1 + \frac{qt}{2}\right)t, \ 0 \leqslant t \leqslant T_D \tag{2-16}$$

$$A(t) = \begin{cases} \dfrac{1}{2}\left[1 + \cos\pi\left(\dfrac{t}{T_1} + 1\right)\right], \ 0 \leqslant t \leqslant T \\ 1, \ T_1 \leqslant t \leqslant T_D - T_1 \\ \dfrac{1}{2}\left[1 + \cos\pi\left(\dfrac{T_D - t}{T_1}\right)\right], \ T_D - T_1 \leqslant t \leqslant T_D \end{cases} \tag{2-17}$$

式中：$A(t)$ 代表扫描信号的余弦振幅包络函数。如果扫描信号持续时间（扫描长度）有限、振幅值恒定不变，那么扫描信号起止频率振幅会发生突变，在振幅突变的间断点附近，扫描信号频谱及其相关子波的频谱两端会产生严重的 Gibbs 效应，导致相关噪声增加、降低资料的分辨率与信噪比，因此扫描信号两端需要有一个逐渐变化的过渡带或斜坡，斜坡的长度用 T_1 表示。F_1 代表扫描信号的起始频率，也就是可控震源开始振动时的瞬时频率。q 为扫描信号频率变化率，又称扫描速率，表示单位时间内扫描信号频率的变化情况，线性扫描信号的扫描速率是常数。如果 $q>0$，则代表线性升频扫描信号；如果 $q<0$，则代表线性降频扫描信号。T_D 为扫描信号持续时间，又称扫描长度。

线性扫描信号终了频率 F_2 表示扫描信号结束时的瞬时频率。

$$F_2 = F_1 + qT_D, \ t = T_D \tag{2-18}$$

线性扫描信号平均频率 F_0 是扫描信号的中心频率。

$$F_0 = \frac{F_1 + F_2}{2}, \ t = T_D/2 \tag{2-19}$$

设最低扫描频率为 F_L，最高扫描频率为 F_H，对于线性升频扫描信号：$F_L = F_1$，$F_H = F_2$；对于线性降频扫描信号：$F_L = F_2$，$F_H = F_1$。

扫描信号的绝对频宽 ΔF 是最高频率与最低频率之差。

$$\Delta F = F_H - F_L \tag{2-20}$$

扫描信号的相对频宽 R 是最高频率与最低频率之比。

$$R = \frac{F_H}{F_L} \tag{2-21}$$

相对频宽的倍频程表示为 R_{OCT}。

$$R_{OCT} = \log_2 \frac{F_H}{F_L} \qquad (2-22)$$

或表示为

$$R_{OCT} = \frac{1}{\lg 2} \Big(\lg \frac{F_H}{F_L} \Big) \qquad (2-23)$$

扫描信号瞬时频率 $f(t)$ 是指在扫描期间，任意时刻瞬时信号的瞬时频率。

$$f(t) = F_1 + qt = F_1 + \frac{F_2 - F_1}{T_D} t \qquad (2-24)$$

图 2-2a 是方程（2-16）、方程（2-17）描述的线性升频扫描信号时间域波形曲线示意图，从图中曲线很难看出频率变化率；图 2-2b 是其振幅谱示意图，可以看到，斜坡带振幅有变化，但总体是水平不变的；图 2-2c 是其时频关系曲线示意图，可以看到频率随时间线性单调上升。图中设扫描信号的扫描长度 T_D 为 12s、起始频率 F_1（最低频率 F_L）为 8Hz、终了频率 F_2（最高频率 F_H）为 86Hz、斜坡长度 $T_1 = 0.5s$、扫描速率 $q = 6.5Hz/s$、绝对频宽是 78Hz、相对频宽是 3.4 个倍频程。

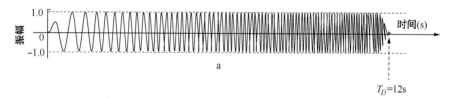

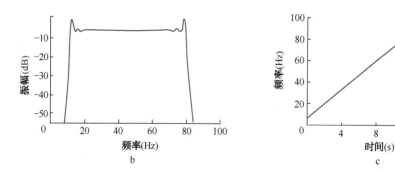

图 2-2 　a 为线性升频扫描信号时间域波形曲线示意图；
b 为 a 的振幅谱示意图；c 为 a 的时频关系曲线示意图

线性扫描信号的参数调整方便、相位易于控制，在不同地表条件下使用线性扫描信号可以保证相关子波一致性，可以保证较高的施工效率，因此线性扫描信号一直是可控震源地震勘探主流扫描信号。线性扫描信号不足之处在于没有考虑在激发环节补偿大地对信号在传播过程中的吸收衰减问题、没有考虑补偿不同地层选频能量吸收问题。

二、非线性扫描信号

如何补偿由于大地对扫描信号非线性响应造成的特殊频率的能量损失，一直是工程技术人员研究的课题，非线性扫描信号的使用能够部分补偿大地非线性响应造成的能量损失。

所谓非线性扫描信号，是指瞬时振幅与瞬时频率是时间非线性单调函数，频率变化率是变化的。皮埃尔·古特劳德（1976）发表的"连续震动法技术中的信号设计"一文阐述了非线性扫描的优点，从所列举的实例中可以看出非线性扫描可以通过调节瞬时频率的变化率来弥补特定项目想要的频率能量；Harry Mayne（1984）发表了"非线性扫描"一文，介绍了 Geosource 公司"万能扫描器"的对数扫描信号，通过实例说明了他的观点：不应在"衰减不严重的低频部分花费过大的精力"；梁秀文（1987）研究分析了非线性扫描的设计方法，客观地给出了设计非线性扫描的注意事项，包括要根据工区不同位置考虑使用不同参数的非线性扫描信号，要重视低频能量等。

非线性扫描方法很多，包括指数函数、负指数函数、对数函数、时间幂函数、反转线性扫描信号、dB/Hz、dB/oct、T^n 等类型，想要详细了解这些信号时频、幅频特征，请读者查阅相关文献及震源箱体生产厂商说明书。尽管非线性扫描信号种类较多、各有不同的特征，但是它们都是围绕补偿低频能量、补偿高频能量、补偿反射主频能量来设计扫描参数的，都是补偿大地非线性响应造成的特定频率成分能量损失的。设计非线性扫描信号时可以通过降低要补偿频带内瞬时频率变化率、延长要补偿频带频率成分扫描时间来实现能量的补偿。由于可控震源地震勘探下传或反射能量是按时间积分累加的，扫描信号总扫描时间长度一旦确定不变，那么总的下传能量就固定不变，被补偿频带能量的增加（扫描速率降低、扫描时间增加）意味着其他频率成分下传能量的降低，这是不希望看到的矛盾。非线性扫描信号可以用简化方程表示，即

$$s(t) = A(t)\sin\left[2\pi \int f(t)\mathrm{d}t\right], 0 \leqslant t \leqslant T_D \tag{2-25}$$

式中：$s(t)$ 代表非线性扫描信号；$A(t)$ 代表非线性扫描信号的包络函数，包络函数完全可以使用与线性扫描信号相同的包络函数；$f(t)$ 代表瞬时频率，是时间的非线性单调函数；T_D 代表扫描长度。

我们利用幂函数讨论如何实现补偿低频分量能量。方程（2-26）是 Penton 公司给出的瞬时频率 $f(t)$ 与时间变量 t 之间的函数关系式，即

$$f(t) = F_1 + (F_2 - F_1)\left(\frac{t}{T_D}\right)^n \tag{2-26}$$

对 $f(t)$ 做积分运算并代入方程（2-25），就可以得到幂函数表示的非线性扫描信号，即

$$s(t) = A(t)\sin 2\pi \int f(t)\mathrm{d}t = A(t)\sin 2\pi\left[F_1 t + \frac{\Delta F T_D}{n+1}\left(\frac{t}{T_D}\right)^{n+1}\right] \tag{2-27}$$

式中：n 取值决定频率的变化速率。这里取 $n = 3$，扫描信号斜坡类型使用 Blackman 函数，起止频率分别为 6Hz、80Hz，扫描长度为 12s，起始与终了斜坡都采用 250ms。图 2-3a 是它的时间域波形曲线示意图：同图 2-2a 一样，曲线很难看出频率变化率，但是斜坡形态与图 2-2a 不同；图 2-3b 是它的振幅谱示意图，可以看到小于 30Hz 低频成分能量明显提高，达到了补偿低频能量的目的，对于提高深层反射能量是有利的；图 2-3c 是它的时频关系曲线示意图，可以看到，频率变化是非线性的，低频变化率小于高频变化率。

我们利用对数函数讨论如何补偿高频分量能量。方程（2-28）是 Pelton 公司给出的另一个瞬时频率 $f(t)$ 与时间变量 t 之间的函数关系式，即

$$f(t) = F_1 + \frac{20}{k\ln 10}\ln\left\{1 + \frac{1}{T_D}\left[\mathrm{e}^{\frac{k(F_2 - F_1)\ln 10}{20}} - 1\right]\right\} \tag{2-28}$$

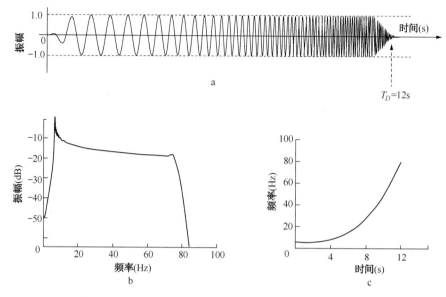

图 2-3　a 为非线性升频扫描信号时间域波动曲线示意图；
b 为 a 的振幅谱示意图；c 为 a 的时频关系曲线示意图

对 $f(t)$ 做积分运算并代入方程（2-25），就可以得到对数函数表示的非线性扫描信号，即

$$s(t) = \sin 2\pi \left\{ F_1 t + \frac{b(1 + mt)}{m} \left[\ln(1 + mt) - 1 \right] \right\}$$
(2-29)

式中：k 的取值决定频率的变化速率；$b = 20/(k\ln 10)$；$c = F_2 - F_1 = \Delta F$；$m = (e^{c/b} - 1)/T_D$。这里取 $k = 0.5$，扫描信号斜坡类型与方程（2-27）一样采用 Blackman 函数，起止频率分别为 6Hz、80Hz，扫描长度为 12s，起始与终了斜坡都采用 0.25s。图 2-4a 是它的时间域波形曲线示意图：同图 2-2a 一样，曲线很难定量看出频率变化率，斜坡形态与图 2-3b 相同。图 2-4b 是它的振幅谱示意图，可以看到，大于 20Hz 频率成分能量基本呈线性随频率的增加明显提高，达到了补偿高频能量的目的，对于提高地层分辨率是有利的；图 2-4c 是它的时频关系曲线示意图，可以看到频率变化是非线性的，高频变化率小于低频变化率。

三、伪随机扫描信号

　　一般情况下，可控震源振动记录通过与扫描信号互相关处理得到可控震源地震记录，方程（2-15）描述了这一过程。互相关是描述两个信号相似程度的运算方法，将在后面章节介绍。在互相关运算时，会产生相关噪声，影响可控震源地震记录的分辨率。如何降低互相关子波旁瓣能量、减轻相关噪声的影响、提高可控震源资料的分辨率？需要从扫描信号的斜坡类型、扫描信号的频带宽度以及扫描信号的类型等方面考虑。一般情况下，伪随机扫描技术可以实现降低互相关子波旁瓣能量、减轻相关噪声的目的。

　　皮埃尔·古特劳德（1976）介绍了伪随机扫描技术，他给出了一种从线性扫描信号中获取伪随机扫描信号的方法：首先对线性扫描信号按照顺序进行采样，之后把相邻两个零值点之间的具有同一极性的样点值组合成一个数据体，这样所有相邻零值点之间（半周期之间）的样点组成的数据体形成具有正、负极性的两类数据集。把所有数据体进行随机重

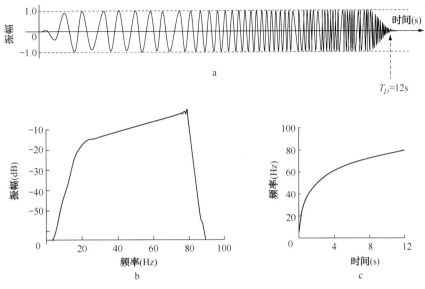

图 2-4 a 为非线性升频扫描信号时间域波形曲线示意图；
b 为 a 的振幅谱示意图；c 为 a 的时频关系曲线示意图

排形成一个新的信号，这个信号就称为伪随机扫描信号。伪随机扫描信号不同频率成分的振幅特征及能量特征与产生它的线性扫描信号要保持一致，两者之间的区别是前者频率随时间变化，不是单调的而是随机变化的，后者是线性单调变化的。图 2-5a，b，c 分别表示线性扫描信号及两种伪随机扫描信号，可以看到伪随机信号曲线变化杂乱无章；从图 2-5d 到图 2-5h 中可以看到，线性扫描信号自相关子波旁瓣包络能量强，而伪随机扫描信号第一个旁瓣能量强且其他背景相关噪声也比较强。这也说明皮埃尔·古特劳德设计伪随机扫描信号的方法是不完美的。

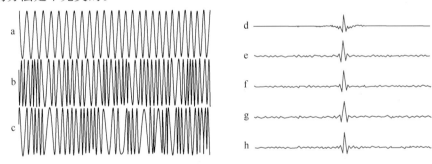

图 2-5 a 为线性扫描信号的一部分；b 与 c 是按照文中介绍的方法从 a 中获取的两个伪随机扫描信号；d 为线性扫描信号自相关子波；e～h 是四种不同的伪随机扫描信号自相关子波示意图（皮埃尔·古特劳德，1976）

Cunningham（1979）将数字通信领域的二元伪随机编码技术引入到可控震源信号设计中，他建议按照一个伪随机"最大长度"二元编码的原则保留或反转每周期的正弦信号。这种方法很大程度上减弱了线性扫描信号的旁瓣干扰，但是也引入了严重的相关噪声，降低了资料的信噪比。实际上这种方法与皮埃尔·古特劳德介绍的方法是相似的。万明习等

（1991）从理论上给出了一种伪随机信号数学表达式，并通过仿真与超声模拟实验，证明了使用此信号压缩技术的有效性。但是这种方法仅仅对深层高频信号的衰减有一定的补偿作用。如果实际资料深层信噪比较低，那么这种方法缺点就十分明显。孙锋等（2009）提出了基于三元伪随机编码的可控震源信号设计方法。理论模拟表明，这种方法压制相关噪声的效果较好，目前无法证实这种方法在野外生产中的实际效果。大地的滤波作用对于任何形式的扫描信号都是相同的，伪随机扫描信号也不例外。

使用伪随机扫描信号的目的之一是压制旁瓣干扰、提高分辨率；另一个目的是减少产生共振的几率、有利于施工区域人工设施的保护。但是随着线性扫描信号新的斜坡函数不断出现，完全能够满足压制相关旁瓣的要求，同时也不会产生强的相关噪声。从世界范围内看，伪随机扫描信号目前没有得到广泛的应用。

第四节 相关方法

第二节简单描述了振动记录的褶积模型。振动记录的延续时间等于扫描长度与听时间（记录长度）之和。振动记录不能直接用于解释，必须与扫描信号做互相关处理才能得到可用于解释的地震记录。互相关处理极大压缩了振动记录的长度，地震记录的长度等于听时间或记录长度。把同一接收排列的所有互相关地震记录按照炮检距的大小排列到一起，就形成了可控震源单炮地震记录。相关技术是可控震源地震勘探的基础之一。

一、相关方法

相关运算是用于比较两个波形相似程度的数学方法，在可控震源地震勘探中相关运算主要用于压缩振动记录，获得可用于解释的地震记录。可控震源相关地震记录道 $x(t)$ 可以表示为相关积分的形式，即

$$x(\tau) = \frac{1}{T} \int_0^T s'(t) s(t-\tau) \mathrm{d}t \qquad (2-30)$$

式中：$x(t)$ 为可控震源相关地震记录道；$s'(t)$ 为可控震源原始振动记录道；$s(t-\tau)$ 为扫描信号；T 为扫描信号长度；τ 为相关信号之间的时移。

这里忽略了大地对扫描信号不同频率成分的非线性吸收与衰减，仅仅假设扫描信号所有频率成分在与某一波阻抗界面褶积过程中振幅发生了统一的变化，这一前提可以使可控震源相关运算的地球物理含义更加直观。$s'(t)$ 可以表示为扫描信号与波阻抗界面脉冲响应的褶积积分的形式，即

$$s'(t) = \int_0^\infty \delta(\theta) s(t-\theta) \mathrm{d}\theta \qquad (2-31)$$

式中：$\delta(\theta)$ 为地下波阻抗界面脉冲响应；$s(t-\theta)$ 为扫描信号；θ 为波阻抗界面，代表时间深度。

把方程（2-31）代入方程（2-30）并变换积分顺序，可以得到可控震源相关地震记录道的另一种积分形式（什内尔索纳等），即

$$x(\tau) = \frac{1}{T} \int_0^T \delta(\theta) \mathrm{d}t \int_0^\infty s(t+\tau) s(t-\theta) \mathrm{d}\theta = \int_0^\infty \delta(\theta) k(\tau-\theta) \mathrm{d}\theta \qquad (2-32)$$

式中：$k(\tau - \theta) = \dfrac{1}{T}\int_0^T s(t-\theta)s(t+\tau)\mathrm{d}t$ 代表扫描信号的自相关函数，是一个零相位 Klauder 子波。比较方程（2-32）与方程（2-15）（δ 与 e 代表波阻抗界面脉冲响应），显然方程（2-32）是方程（2-15）的褶积积分形式，是可控震源又一重要的数学物理模型。我们从方程（2-30）及方程（2-32）中不难看出，扫描信号、扫描信号自相关及波阻抗界面脉冲响应特征是影响可控震源相关地震记录特征的重要因素。

下面以地下存在三个波阻抗界面为例说明如何利用相关运算压缩振动记录、获得可控震源相关地震记录的过程：图2-6a是地下有三个波阻抗界面的简单的地球物理模型，三个波阻抗界面对应三个脉冲响应 δ_1、δ_2、δ_3；图2-6b是形成可控震源相关地震记录道的过程。图中，$s'_1(t)$、$s'_2(t)$、$s'_3(t)$ 分别是线性升频扫描信号 $s(t)$ 在大地中传播时与 δ_1、δ_2、δ_3 褶积后被地震仪器记录到的原始振动记录，假设它们的振幅发生了变化、频率没有改变。$s'_1(t)$、$s'_2(t)$、$s'_3(t)$ 初至起跳时间 t_1、t_2、t_3 分别对应 δ_1、δ_2、δ_3 在图2-6a上的双程反射时间深度 t_1、t_2、t_3。$s(t)$ 自左向右滑动，在滑动过程中分别与 $s'_1(t)$、$s'_2(t)$、$s'_3(t)$ 做互相关运算。当 $s(t)$ 向右滑动的时间分别在 t_1、t_2、t_3 时互相关运算值最大，而远离 t_1、t_2、t_3 时互相关值逐渐变小。这样我们就获得了极大值分别对应三个脉冲响应双程反射时间 t_1、t_2、t_3 的三个互相关子波 $x'_1(t)$、$x'_2(t)$、$x'_3(t)$，三个互相关子波叠加在一起就代表 $s(t)$ 与 $s'_1(t)$、$s'_2(t)$、$s'_3(t)$ 互相关运算得到的可控震源相关地震记录道 $x(t)$。图2-6b 中 $s'(t)$ 是地震仪器记录的真实的振动记录，是 $s'_1(t)$、$s'_2(t)$、$s'_3(t)$ 的叠加结果，实际运算时，$s(t)$ 直接与 $s'(t)$ 做互相关运算就形成了可控震源相关地震记录道 $x(t)$。

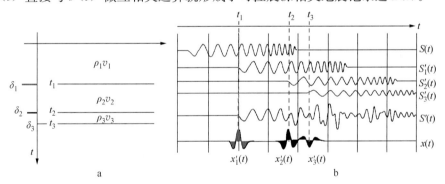

图2-6　可控震源相关地震记录道形成示意图

a—层状地球物理模型；b—相关运算的图解说明

二、自相关子波

自相关子波是关于 τ_0（自相关最大值对应的时移）的轴对称波形，与扫描信号具有相同的振幅谱、不同的相位谱。自相关子波可以用主极值、次极值或主瓣、旁瓣、边叶和清晰度、分辨率等表征。图2-7是一个典型的线性扫描信号自相关子波示意图，曲线关于 $\tau = 0$ 轴对称，且 $\tau = 0$ 时自相关子波幅值最大，等于扫描信号的总能量。最大值对应的是主瓣峰值，设其振幅值为 A_1，设与主瓣相邻的旁瓣振幅值为 A_2。

表征自相关子波的第一个参数是清晰度 S，清晰度等于主瓣振幅值与旁瓣振幅值之比，即

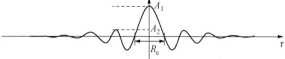

图 2-7　线性扫描信号自相关子波示意图

$$S = \frac{A_1}{A_2} \qquad (2-33)$$

清晰度与扫描信号相对频宽 R 有关，R 越大则清晰度越大，旁瓣值越小，相关噪声越小。从图 2-8 可以看到，随着倍频程由 2.8 下降到 0.8，相关子波清晰度逐步降低到几乎无法分辨主瓣与旁瓣的程度，相关噪声已经淹没了波阻抗界面的反射。

扫描频率	4～28Hz	8～32Hz	16～40Hz	32～56Hz
倍频程	2.8	2	1.31	0.8

图 2-8　不同扫描频宽信号自相关子波（物探局研究所震源室，1977）

自相关子波的分辨率 R_e（图 2-7）等于主瓣与时间轴两个交点间时间间隔。与中心频率 F_0 的关系为

$$R_e = \frac{1}{2F_0} \qquad (2-34)$$

从方程（2-34）可以看到，增加信号的高频成分可以提高分辨率。但是从图 2-8 中不难看出，扫描信号相对频宽过小（比如 0.8）时，尽管中心频率很高，分辨率很高（主瓣"很瘦"），但是自相关子波旁瓣值很人，造成相关噪声淹没了有效信号。因此，在选择扫描信号时，既要考虑自相关子波的清晰度、又要考虑自相关子波的分辨率；既要保证扫描信号具有较大的相对频宽（2 个倍频程以上）、又要保证有较高的中心频率。只有这样才能突出主瓣能量，提高主瓣分辨率，压制旁瓣，提高对波阻抗界面的分辨能力，图 2-9 形象地说明了这一点。从图 2-9 可以看到，在保证使用具有 2 个倍频程扫描信号的前提下，随着中心频率的增大，相关子波的主瓣变窄、分辨率变高。同时也可以看出，相对频宽不变，清晰度不变。

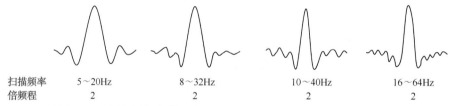

扫描频率	5～20Hz	8～32Hz	10～40Hz	16～64Hz
倍频程	2	2	2	2

图 2-9　不同扫描频宽信号自相关子波（物探局研究所震源室，1977）

关于如何选择扫描信号相对频宽，什内尔索纳在其专著中对线性扫描信号自相关信号作了理论分析，结果表明，"只有在使用相对频宽为 2 个或更大倍频程的扫描信号时，才有可能实现线性扫描信号的高分辨率可控震源地震勘探"，具体证明参见什内尔索纳的《可控震源地震勘探》一书。

自相关子波中心部位的宽度称为延续时间 T_a（或称自相关子波宽度）。所谓中心部位的宽度是指自相关子波包络函数在 $\tau = 0$ 两侧穿越的两个零值点之间的时间间隔。延续时间

T_a 与绝对频宽 ΔF 之间的关系可以表达为

$$T_a = \frac{2}{\Delta F} \tag{2-35}$$

绝对频宽越大，延续时间越小。延续时间虽然也可以反映可控震源相关记录的分辨能力，但是自相关子波的清晰度、分辨率更能直接反演相关记录的分辨能力。图 2-10 是不同绝对频宽对应的自相关子波，可以看到，绝对频宽越大，延续时间越小。当绝对频宽为 48Hz 时，自相关子波的延续时间约为 41ms；当绝对频宽为 6Hz 时，自相关子波的延续时间约为 330ms。

一般称相关子波中心部位以外的波动为相关边叶，相关边叶作为背景噪声存在于相关地震记录中。线性扫描信号的相关边叶幅值衰减可用函数 $1/(\pi \Delta F t)$ 描述，相关边叶也是相关运算过程中产生的，扫描信号绝对频宽越大，相关边叶越弱。相关边叶的强弱同扫描信号斜坡类型、及斜坡的延续长度有关，将在后面章节介绍。

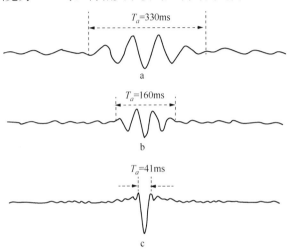

图 2-10　不同绝对频宽扫描信号
自相关子波延续时间示意图
a 的绝对频宽为 6Hz（10～16Hz），b 的绝对频宽为 12Hz
（16～28Hz），c 的绝对频宽为 48Hz（4～52Hz）
（物探局研究所震源室，1977）

三、互相关子波

互相关运算可以压缩延迟时间很长的振动记录，使之成为可以解释的延续时间很短的互相关地震记录。假设地下仅有一个波阻抗界面，可控震源向大地激发扫描信号 $s(t)$，如果不考虑大地的吸收衰减、球面扩散等作用，那么扫描信号 $s(t)$ 在大地中传播一定时间后与唯一的波阻抗界面相遇并被反射回地面，地面上接收到的振动记录携带了地下波阻抗界面的能量、时间等信息。假设波阻抗界面反射系数为 1、扫描信号在地下往返传播时间（双程旅行时间）为 τ_i，那么地面接收到的振动信号就是延迟时间为 τ_i 的扫描信号 $s(t)$，可以表示为 $s(t-\tau_i)$。$s(t)$ 与 $s(t-\tau_i)$ 互相关运算就得到互相关子波 $\Phi(t-\tau_i)$。实际上，扫描信号 $s(t)$ 自相关子波 $\Phi(t)$ 在时间轴上延迟 τ_i 就得到 $\Phi(t-\tau_i)$。尽管假设条件很多，但是上面的描述再一次说明了如何通过互相关运算压缩延续时间很长的振动记录得到延续时间很短的地震记录的过程，这一过程具有明确的地球物理含义，是相关法可控震源地震勘探的基础。图 2-11a 表示反射系数为 1 的波阻抗界面，图中 τ_i 代表双程旅行时间；图 2-11b 为地面记录到的振动记录 $s(t-\tau_i)$ 或代表延迟时间为 τ_i 的扫描信号 $s(t)$，起跳时间为 τ_i；图 2-11c 为可控震源激发的扫描信号 $s(t)$；图 2-11d 为互相关子波 $\Phi(t-\tau_i)$，它就是以 $\tau = \tau_i$ 为对称轴的自相关子波 $\Phi(t)$。

如果使用的检波器是速度型检波器，输出电压与地面质点运动速度成正比，记录的振动信号是速度扫描信号。速度扫描信号与可控震源位移扫描信号相位相差 $90°$，两者互相关子波不是周对称的，是原点对称的（假设地下只有一个波阻抗界面且反射系数为 1，扫描信号无衰减）。图 2-12a 是正弦线性信号示意图，代表线性扫描信号；图 2-12b 是余弦线性

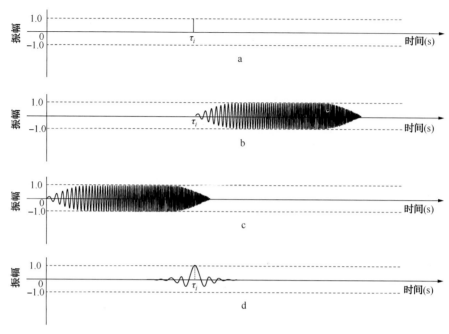

图 2-11 扫描信号 $s(t)$ 与延迟时间为 τ_i 的扫描信号 $s(t)$ 互相关示意图

信号示意图，代表振动记录；图 2-12c 是两个信号的互相关子波示意图，是关于原点对称的互相关子波。一般称自相关子波为 $0°$ 相关子波，相位相差 $90°$ 的信号互相关子波称为 $90°$ 相关子波。如果希望得到零相位或最小相位地震记录，那么必须对振动记录或相关记录做相位转化处理，这样才能满足后期反褶积处理的要求。

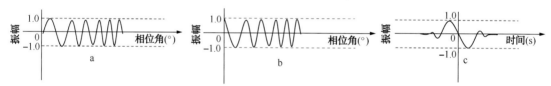

图 2-12 相位相差 $90°$ 的线性正弦扫描信号 a 与线性余弦扫描信号 b 及其互相关子波 c 示意图

在可控震源野外施工过程中，经常会在振动记录中记录到外界随机干扰源等原因产生的脉冲干扰信号，这些脉冲干扰信号参与互相关运算，会在相关地震记录中产生反向的扫描信号，脉冲干扰越强反向扫描信号越强，会直接影响有效反射信息。如果可控震源激发的是线性升频信号，那么与含有脉冲干扰信号的振动记录相关后会在相关记录中产生线性降频扫描信号；如果可控震源激发的是线性降频信号，那么与含有脉冲干扰信号的振动记录相关后会在相关记录中产生线性升频扫描信号。图 2-13 说明了脉冲干扰信号与扫描信号互相关运算的特征：图 2-13a 是振幅为 1 的具有延迟时间 τ_i 的脉冲干扰信号 $\delta(t-t_i)$，图 2-13b 是线性升频扫描信号 $s(t)$，图 2-13c 是相关后的线性降频扫描信号 $s'(t)$。$s'(t)$ 的起始时间 $\tau_s = -(T_D - \tau_i)$，终了时间 $\tau_e = \tau_i$。$s'(t)$ 与 $s(t)$ 具有相同的扫描长度 T_D、具有相同的扫描频带。从图 2-13 中不难看出，如果野外施工中存在脉冲干扰源，那么对互相关记录会造成较大影响，因此应该尽量采取措施避免这种情况发生。

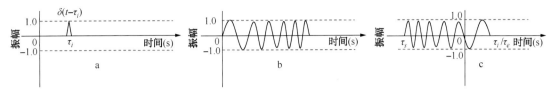

图 2-13 a 为脉冲干扰信号；b 为线性升频扫描信号；c 为 a 与 b 的互相关子波

互相关运算不仅可以压缩振动记录，同时还具有滤波作用。由于扫描信号与振动记录互相关运算得到的相关地震记录只保留它们共有的频率成分，因此互相关运算具有很强的滤波特性。换句话说，扫描信号就是一个零相位有限带宽滤波器，互相关过程就是振动记录被扫描信号滤波的过程，振动记录上频率成分不在扫描信号频率范围内的噪声被压制，可见互相关过程也是提高可控震源地震记录信噪比的去噪过程。地震勘探野外施工经常受到 50Hz 工业用高压电的干扰，在地震记录中表现为单频波。单频波在扫描信号频带范围内时，它们互相关输出为单频波，否则无输出信号。如果一个工区的面波或其他干扰波很强，并且包含不在扫描信号频带范围内的频率成分，那么扫描信号与振动记录互相关之后就可以压制部分面波及其他干扰，提高地震记录的信噪比。

第三章 常规采集方法

可控震源地震勘探常规采集方法是指在野外使用一套（组）可控震源作为激发地震波的震源、通过地面记录系统完成地震波场记录的地震采集方法。由于这种方法不采用多套（组）可控震源同步激发技术，因此施工效率较低。但是，在二维地震勘探中或在规模较小的三维地震采集项目中，使用这种采集方法是经济有效的。由于不采用同步激发技术，因此在野外记录中没有可控震源机械干扰、邻炮干扰等噪声。这种采集方法有利于保护互相关单炮记录的信噪比。

第一节 野外施工方法

绪论中介绍的可控震源地震勘探技术发展的第二阶段"常规生产阶段"所使用的方法就是本文所指的野外常规采集方法。野外只使用一组可控震源，这组可控震源依次在每个炮点向大地发送扫描信号，扫描信号经过大地的滤波作用形成携带地下地质信息的振动信号返回到地面，地震采集仪器记录振动信号，并按照炮检距从小到大的顺序把不同道记录的振动信号排列成振动记录，振动记录与扫描信号做互相关运算从而压缩振动信号形成通常看到的可控震源地震相关单炮记录：共炮点道集。采用的可控震源可以是单台可控震源，也可以是多台可控震源的组合；考虑到能量均衡与相关子波的一致性，同一个项目一般采用相同的扫描信号；可控震源的组合台数、组合方式、出力大小、扫描方式及参数的选择，要综合考虑对噪声的压制效果、工区地表条件及地层对有效信号的吸收与衰减特征等因素。

图 3-1 是可控震源常规采集方法野外施工示意图：图中采用两台可控震源组合激发的形式，震源组在第 i 炮激发扫描信号 s_i，s_i 通过震源平板向大地传播，经过大地的滤波作用（包括波阻抗界面的反射、地层对扫描信号的吸收与衰减等）形成振动信号 s'_{ij} 返回到地面

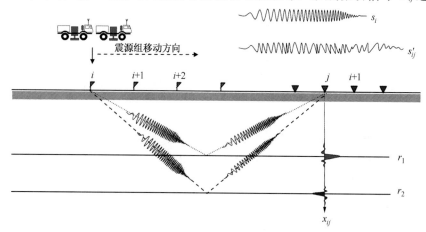

图 3-1 可控震源常规采集方法野外施工方式示意图

并通过第 j 个检波器记录到磁带中，s'_{ij} 与 s_i 做互相关处理最终得到含有两个波阻抗界面 r_1、r_2 信息的可控震源相关地震道 x_{ij}。震源组完成第 i 炮生产后，移动到第 $i+1$ 炮点位置，重复上面的过程直到完成所有炮点。

从可控震源常规生产过程不难看出，放炮时间 t_s 是由三部分组成，即

$$t_s = t_d + t_r + t_m \qquad (3-1)$$

式中：t_d 为扫描长度（扫描时间）；t_r 为可控震源准备时间（升降压、升降板时间）；t_m 为可控震源组在相邻炮点之间的移动时间。

图 3-2 是可控震源常规采集方法放炮时序及单炮记录形成示意图。图中 $t_l = 6s$ 为记录时间（听时间）。假设 $t_d = 16s$、$t_r = 12s$、$t_m = 24s$，那么平均每放一炮的时间是 52s。如果一天按 8h 为有效作业时间，那么在理想情况下，一天可施工 553 炮。但往往因环境噪声、仪器设备配备数量、施工组织管理方式等限制，日效远达不到 553 炮。通过对国内某工区的统计，采用可控震源常规地震采集方法日效仅能达到 300 炮。图 3-2b 中，振动记录 $s'(t)$ 长度等于扫描长度与记录长度之和，为 22s，$s'(t)$ 与扫描长度为 16s 的扫描信号 $s(t)$ 互相关运算就可以得到长度为 6s 的单炮记录 $x(t)$。分析公式（3-1）与图 3-2 可见，影响施工效率的因素无非是扫描长度 t_d、可控震源准备时间 t_r、炮点间移动可控震源的时间 t_m，提高施工效率的方法无非是缩短上述三种时间长度。通过缩短扫描长度 t_d 实现提高施工效率是危险的，因为缩短扫描长度意味着激发能量减弱，深部目的层反射能量不足。实际生产中，可控震源的准备时间 t_r、炮点间移动可控震源的时间 t_m 之和远远大于扫描长度 t_d，这是制约可控震源常规生产效率的关键因素，近 20 年发展起来的高效采集方法就是尽量缩短甚至消除 t_r 与 t_m，从而极大提高了生产效率。

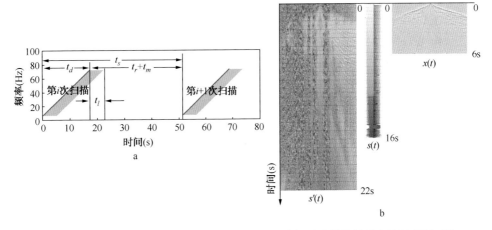

图 3-2　常规采集方法放炮时序示意图（a）和常规采集单炮处理方法示意图（b）
长度为 22s 的振动记录 $s'(t)$ 与长度为 16s 的扫描信号 $s(t)$ 互相关处理后获得长度为 6s 的单炮记录 $x(t)$

可控震源野外常规采集方法的效率虽然较低，但目前该方法还是作为最重要的一种施工方法被大量的使用，这是由勘探项目的规模、使用的观测系统、装备、人员及资金的投入与生产效率、效益之间的关系决定的。一般生产规模小于 500km²、采用较大的采集面元的项目都使用常规施工方法。

第二节　主要观测系统参数设计

采集方法设计的大部分工作是围绕如何科学选择观测系统参数而展开的。虽然各种版本的地震勘探教材已经系统介绍过二维和三维地震观测系统，本节还是赘述如何选择观测系统参数，以方便读者查阅、参考。可控震源与炸药震源地震采集方法在观测系统参数的选择、激发与接收组合参数等的选择原理是相同的，可控震源激发参数的选择不同于炸药震源，激发参数如何选择放到后续章节讨论。

一、前期准备工作

可控震源地震采集方法设计与炸药震源地震采集方法设计一样，首先需要明确项目的地质任务或地球物理需求，接着要收集与分析相关资料，建立地球物理模型，通过正演分析结合实际资料分析确定拟定的采集方法，最后围绕拟定的采集方法制订野外试验方案，通过野外试验资料的进一步分析研究优化并形成最终的采集方案。

地质任务是油气勘探系统工程要完成的最终目标，油气勘探系统工程包括地震勘探、油气地质综合研究、测井、钻井、油藏评价等技术领域，如何把地质任务层层分解到每一个技术领域，或者说如何把高度集成的地质任务转换成对每一个技术领域的具体要求是非常重要的。对于地震勘探采集环节，把地质任务转换成地球物理需求，或者说转换为对勘探深度、原始资料信噪比、目的层主频、分辨率等方面的具体要求是我们最为关心的，这一点需要地质专家与地球物理专家协调一致。

应收集与项目有关的工区自然地理、人文和以往的地质、地球物理资料，这些资料与施工季节的选择、物理点的布设、地球物理模型的建立以及采集参数的优选密切相关。地质资料能够提供地层沉积及构造特征（层序、厚度变化、地质结构等）、岩性特征、断层及破碎带的发育情况、油气藏特征（储层厚度、横向尺度变化等）等信息；地球物理资料包括近地表结构特征（速度、厚度的纵横向变化等）以及深层反射（包括目的层反射）波波阻特征、频宽、主频、最高频率、双程旅行时间、各地层速度等信息，同时还可通过对地球物资料的分析获得原始单炮记录的干扰波发育情况、信噪比等信息。利用以往的地质、地球物理资料可以建立地震地质模型，通过正演模拟辅助论证道距、面元、排列长度、覆盖次数等的选择。最简单的地震地质模型应包括地层的速度、厚度（深度）信息以及地质结构（不整合面、断层等）信息，复杂的地震地质模型还应包含地层的各向异性参数信息。

二、道距及面元大小的选择

道距或面元大小的选择应主要考虑以下四个方面的要求。

（1）满足保护最高无混叠频率的要求。

每个倾斜反射同相轴都有一个偏移前可能的最高无混叠频率 f_{max}，它依赖于上覆地层的速度 v_{rms} 及地层倾角 θ。如果空间采样间隔（道距）Δx 的大小不能保证在最高无混叠频率一个波长内有两个以上的采样，那么大于尼奎斯特（Nyquist）波数的有效波会产生空间假频而污染小于尼奎斯特波数的有效波，造成频率混叠。因此道距 Δx 或三维地震面元边长 b 的选择必须满足方程（3-2）和方程（3-3），即

$$\Delta x \leqslant \frac{v_{\text{rms}}}{4f_{\text{max}}\sin\theta} \tag{3-2}$$

$$b \leqslant \frac{v_{\text{rms}}}{4f_{\text{max}}\sin\theta} \tag{3-3}$$

式中：Δx、b 分别代表道距及三维地震勘探的面元边长，单位为 m；v_{rms} 代表上覆地层均方根速度，单位为 m/s；f_{max} 代表最高无混叠频率，单位为 Hz；θ 代表地层倾角。

只有满足方程（3-2）、方程（3-3）的道距或面元大小，才能保证不产生空间假频，才能保证偏移成像不产生偏移噪声。这里仅仅考虑了有效反射波的空间采样问题。

（2）满足横向分辨率的要求。

如果两个绕射距离小于最高有效频率的一个空间波长，那么它们就无法分开。在实际工作中很难准确测量最高有效频率 f_{max}，一般用优势频率 f_{dom} 代替。如果每个优势频率的波长内有两个采样，那么空间采样间隔的选择就能满足横向分辨率的要求。道距 Δx、面元边长 b 应满足用方程（3-4）和方程（3-5），即

$$\Delta x \leqslant \frac{v_{\text{int}}}{2f_{\text{dom}}} \tag{3-4}$$

$$b \leqslant \frac{v_{\text{int}}}{2f_{\text{dom}}} \tag{3-5}$$

式中：f_{dom} 代表优势频率，单位为 Hz；v_{int} 代表上覆地层层速度。

（3）满足分辨最小地质体目标尺度的要求。

在地质任务中，往往要求地震勘探能够分辨某一尺度的最小地质体，一般情况下我们至少要保证在该地质体某一方向上有 3～5 个接收道。

（4）对影响信噪比的干扰波无假频采样。

如果影响资料信噪比的干扰波出现空间假频，那么我们就不能很好利用有效波与干扰波时空域、时频域特征达到压制干扰波、突出有效波、提高信噪比的目的。图 3-3a，b 是同一个位置去噪前的单炮记录，道距分别是 12.5m、50m。可以看到地下地层倾角很小，两种道距都能够对反射波无假频采样，但是 50m 道距的记录上大部分面波干扰出现了空间假频，12.5m 道距的单炮记录上大部分面波干扰没有出现空间假频，说明小道距单炮记录信噪比要高于大道距单炮记录信噪比；图 3-3c，d 分别是二维滤波后的 12.5m、50m 道距单炮记录，去噪后的 12.5m 道距的单炮记录信噪比明显比 50m 道距单炮记录高；图 3-3e，f 分别是 12.5m、50m 道距去噪前的单炮记录对应的 $f-k$ 谱，50m 道距 $f-k$ 谱上面波干扰折叠频率严重干扰了有效波。从去噪效果可见，如果实现主要干扰波的无假频采样，那么对于去噪处理非常重要。

三、最大炮检距的选择

最大炮检距的选择主要要考虑以下 6 个因素。

（1）动校拉伸对信号频率的影响。

动校拉伸是指 CDP 道集做动校正处理时会使地震波拉长变形、频率降低。频率拉伸系数与最大炮检距的关系表达式为

$$x_{\text{max}} \leqslant \frac{t_0 v}{k_f}\sqrt{1-k_f} \tag{3-6}$$

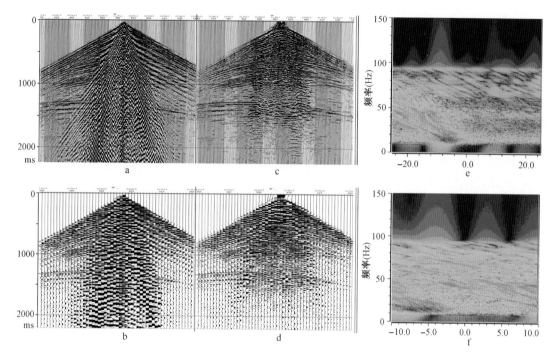

图 3-3　不同道距单炮去噪效果对比

a，c，e 分别是 12.5m 道距去噪前、去噪后的单炮记录以及去噪前单炮 $f-k$ 谱；

b，d，f 分别是 50m 道距去噪前、去噪后的单炮记录以及去噪前单炮 $f-k$ 谱

式中：x_{max} 代表最大炮检距，单位为 m；t_0 代表目的层反射双程旅行时，单位为 s；v 代表目的层上覆地层均方根速度，单位为 m/s；k_f 代表频率拉伸系数，等于动校前后反射波的频率之比。k_f 的值可以根据资料处理、解释对分辨率的要求给定，一般取 12.5%；一旦给定 k_f 值，那么最大炮检距的选择不能大于方程（3-5）右边计算得到的值。

（2）满足速度分析精度的要求。

叠加速度精度与排列长度有关，增加排列长度会提高叠加速度求取精度，反之会降低叠加速度精度。速度分析精度与最大炮检距之间关系为

$$x_{max} \geqslant v \sqrt{\frac{t_0}{4 f_{dom} k_v}} \tag{3-7}$$

式中：x_{max} 代表最大炮检距，单位为 m；t_0 代表目的层反射双程旅行时，单位为 s；v 代表目的层上覆地层均方根速度，单位为 m/s；f_{dom} 代表目的层优势频率，单位是 Hz；k_v 代表速度分析精度，等于动校正速度误差与均方根速度比值，一般取 6%。k_v 一旦确定，最大炮检距的选择不能小于（3-6）右边计算得到的值。

（3）考虑目的层的深度。

最大炮检距应该接近目的层的深度，这样反射系数比较稳定、动校拉伸畸变可容忍。

（4）考虑多次波压制效果。

通过多次叠加可以消除多次波。多次叠加时使用的是一次波的速度，因此反射波可以同相叠加，但是多次波还存在剩余时差，正是由于剩余时差的存在才能使多次波能量在多次叠加过程中逐渐相互抵消。经过一次波速度校正后多次波剩余时差与最大炮检距之间的

关系为

$$x_{\max} = vv_d \sqrt{\frac{2t_0 \times \Delta\Delta t}{v^2 - v_d{}^2}} \qquad (3-8)$$

式中：$x_{\max}$ 代表最大炮检距，单位为 m；t_0 代表目的层反射双程旅行时，单位为 s；v 及 v_d 分别代表一次反射波、多次波均方根速度，单位为 m/s；$\Delta\Delta t$ 代表经过一次波速度校正后多次波的剩余时差，单位为 s，这一时差应大于多次波的一个周期，才会得到好的压制多次波的效果。

（5）考虑反射系数的变化。

从 Zoepprize 方程可以求出各种地震波的反射系数，它们都随着排列长度的变化（入射角的变化）而变化。对于仅仅考虑提高资料信噪比、保证构造成像的地震勘探而言，排列长度的选择只要保证入射角小于临界角就可以，此时排列内的反射系数相对稳定，有利于叠加去噪。如果考虑利用 AVO 信息研究岩性变化或直接预测油气，那么排列长度应适当加长、排列内接收道数要适当增加。图 3-4 是根据 Zoepprize 方程计算的 5 个目的层反射能量与炮检距示意图，这 5 个目的层具有不同的深度与均方根速度。反射能量随着排列长度的增加发生不同的变化，变化平缓的区域对应的排列长度就是我们希望使用的排列长度。

（6）考虑干扰波的切除。

CDP 道集经过动校正之后需要切除初至折射等干扰才能叠加形成叠加剖面，如果保留过多远排列的资料，一方面会降低叠加资料信噪比，另一方面会由于动校拉伸作用降低反射波的分辨率。图 3-5 是动校后的 CDP 道集，对于反射时间在 1600ms 与 1700ms 之间的反射波而言，A 点对应的排列长度就能够切除动校畸变较大的远排列反射波与折射波，保证目的层叠加效果；对于反射时间为 2100ms 的反射波，B 点对应的排列长度就能满足要求。

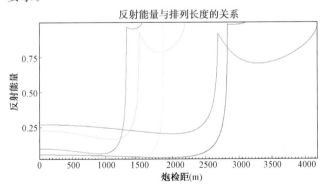

图 3-4　反射波能量随炮检距变化曲线示意图

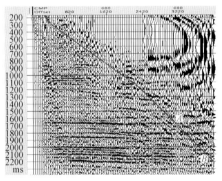

图 3-5　动校正后 CDP 道集

四、覆盖次数

多次覆盖技术对于压制随机干扰非常有效。如果道集内各道炮检距差别较大，各道记录的随机干扰不相干，那么经过 n 次叠加后，有效波强度增加了 n 倍、随机干扰只增加了 $\sqrt{n}$ 倍，叠后信噪比增加了 $\sqrt{n}$ 倍。如果不考虑线性干扰及多次波的影响，覆盖次数与信噪比的关系为

$$\sqrt{n} = \frac{(S/N)_{\text{stack}}}{(S/N)_{\text{raw}}} \tag{3-9}$$

式中：n 代表覆盖次数；$(S/N)_{\text{stack}}$ 代表叠后剖面信噪比；$(S/N)_{\text{raw}}$ 代表原始炮集信噪比。如果已知原始炮集信噪比，并给出期望通过叠加获得的最终的信噪比，那么利用方程（3-10）就可以计算出覆盖次数，即

$$n = \left[\frac{(S/N)_{\text{required}}}{(S/N)_{\text{raw}}} \right]^2 \tag{3-10}$$

式中：n 代表覆盖次数；$(S/N)_{\text{required}}$ 代表期望得到的叠后剖面信噪比；$(S/N)_{\text{raw}}$ 代表原始炮集信噪比。

在中间放炮二维观测系统中，覆盖次数与接收道数、道距、炮点距之间的关系可以表示为

$$n = \frac{N_c \Delta x}{2d} \tag{3-11}$$

式中：n 代表覆盖次数；N_c 代表接收道数；Δx 代表道距，单位为 m；d 代表炮点距，单位是 m。

一旦最大炮检距以及道距确定了，那么就可以结合方程（3-11）计算出的覆盖次数；实际应用中，我们往往难以计算较为准确的信噪比，因此会通过野外试验确定需要的覆盖次数。试验中需要固定最大炮检距以及道距，通过使用不同炮点距获得不同覆盖次数的叠加剖面，对比这些叠加剖面就可以确定合适的覆盖次数，从而指导整个项目的采集。

三维地震勘探沿接收线方向（Inline）的覆盖次数计算方法与方程（3-11）具有相同的形式，只是把炮点距用炮线距代替即可，用方程表示为

$$n_x = \frac{N_c \Delta x}{2S_{LI}} \tag{3-12}$$

式中：n_x 代表 Inline 方向覆盖次数；N_c 代表 Inline 方向接收道数；Δx 代表道距，单位为 m；S_{LI} 代表炮线距，单位为 m。

三维地震勘探垂直接收线方向（Crossline）的覆盖次数一般等于接收线数的一半，用方程表示为

$$n_y = \frac{N_{RL}}{2} \tag{3-13}$$

式中：n_y 代表 Crossline 方向覆盖次数；N_{RL} 代表接收线条数。

三维地震勘探总的覆盖次数等于 Inline 方向覆盖次数与 Crossline 方向覆盖次数之积，即

$$n = n_x \times n_y \tag{3-14}$$

式中：n 代表三维地震勘探总的覆盖次数；n_x 代表 Inline 方向覆盖次数；n_y 代表 Crossline 方向覆盖次数。

五、三维观测系统其他参数的选择

最大非纵距：是指在一个接收排列片中（同时记录地震波场的所有接收线组成一个排列片，图3-6），垂直接收线方向的最大炮检距。一般地，最大非纵距的选择要使同一面元内不同方位的反射资料在动校正后能够同相叠加，最大非纵距要满足方程（3-15），即

$$y_{\max} \leqslant \frac{v}{\sin\varphi}\sqrt{2t_0\delta_t} \qquad (3-15)$$

式中：$y_{\max}$代表最大非纵距，单位为 m；v代表平均速度，单位为 m/s；φ代表目的层最大倾角，单位为（°）；t_0代表目的层双程反射旅行时，单位为 s；δ_t代表同一 CMP 道集最大时差，一般取有效波最大周期的四分之一，单位为 s。

最大的最小炮检距：相邻两条接收线与相邻两条炮线组成一个方形区域（图 3-7），过方形区域中心面元的最小炮检距在方形区域所有面元中的最小炮检距中是最大的，称最大的最小炮检距，等于方形区域对角线的长度，用方程（3-16）表示为

$$x_{\min} = \sqrt{R_{LI}^2 + S_{LI}^2} \qquad (3-16)$$

式中：$x_{\min}$代表最大的最小炮检距，单位为 m；R_{LI}代表接收线距，单位为 m；S_{LI}代表炮线距，单位为 m。最大的最小炮检距大小的选择，必须以能够保证最浅目的层有效成像为原则。可以通过正演模拟分析或对实际地震资料选最小炮检距叠加处理来分析确定最大的最小炮检距，之后利用方程（3-16）反算出接收线距、炮线距的取值范围。

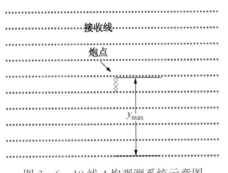

图 3-6 10 线 4 炮观测系统示意图

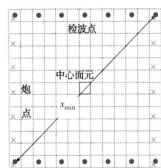

图 3-7 最大最小炮检距示意图

接收线距与炮线距：接收线距与炮线距的选择要能满足最浅目的层的覆盖次数要求、同时还要考虑不产生或少产生"采集脚印"。

偏移孔径：地质任务给出的勘探区面积往往是指偏移后满覆盖成像面积。如果勘探区地层有一定的倾角，那么为保证勘探区边界成像效果，地面记录的范围必须大于任务指定的勘探区面积，地面记录扩大的区域就是偏移孔径。偏移孔径应大于第一菲涅尔带半径［方程（3-17）］；如果要满足绕射波能量收敛达到 95%，则偏移孔径应满足方程（3-18）；同时偏移孔径应满足方程（3-19），才能使倾斜界面正确偏移归位。

$$M \geqslant \sqrt{\frac{\lambda H_0}{2} + \frac{\lambda^2}{16}} \qquad (3-17)$$

$$M \geqslant H_0 \times \tan 30^\circ \qquad (3-18)$$

$$M \geqslant H_0 \times \tan\phi_{\max} \qquad (3-19)$$

式中：M代表偏移孔径，单位为 m；H_0代表最深目的层深度，单位为 m；λ代表优势频率波长，单位为 m；$\phi_{\max}$代表最深目的层最大倾角，单位为（°）。

记录长度：记录长度的选择应该以能保证最深目的层绕射能够正确偏移成像为准则。

六、观测系统类型选择

二维观测系统基本以中间放炮的直测线接收为主，在表层起伏剧烈、沟系发育的复杂

地表区域往往地震资料的信噪比较低，那么在这些地区往往采用宽线或弯线观测系统。三维观测系统种类较多，正交式、砖墙式、细分面元等都是经常用到的观测系统。通常通过对比三维观测系统面元属性、炮道密度、横纵比、设备投入及成本费用等方面评价观测系统解决问题的能力及经济可行性。

可控震源三维地震勘探观测系统类型的选择应该考虑震源施工的特殊性。在最大炮检距、覆盖次数、面元尺度等一定的情况下，选用的观测系统必须有利于可控震源在炮点间快速移动、减少对地面接收设备的碾压，这样可以提高施工效率、降低成本、提高效益。图3-8a，b分别是正交观测方法、砖墙观测方法，两种方法的接收线数及线距、炮线数及炮线距、覆盖次数、排列长度等都相同，炮检距分布略有不同。使用正交观测系统可以减少可控震源在炮线（红色）之间的移动距离与时间，提高生产效率；使用砖墙观测系统则增加了可控震源移动距离与时间，降低了生产效率。

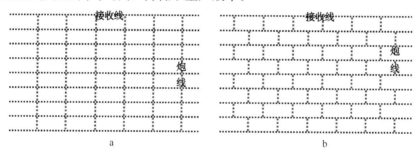

图3-8 两种三维地震观测系统示意图

a表示正交式观测系统；b表示砖墙式观测系统

衡量观测系统宽窄的参数是横纵比，它等于排列片横向（Crossline方向）长度与纵向（Inline方向）长度之比（Cordsen等，2000）。横纵比小于0.5的观测系统可以认为属于窄方位观测系统，大于0.5的可以认为是宽方位观测系统。宽窄方位的选择首先要满足地质任务的要求，其次要考虑勘探成本。一般地，构造勘探项目可以考虑采用窄方位观测系统，而岩性勘探则应考虑使用宽方位观测系统。随着地震接收仪器设备的快速发展，万道、十万道新型地震仪器已经或即将成为主流地震采集记录设备。新型地震仪器无论带道能力、还是数据传输速率都能最大限度满足采用观测系统的要求，如果勘探成本投入允许我们采用宽方位、甚至全方位（横纵比为1）观测系统，那么无论是构造勘探还是岩性勘探，我们都应该采用宽方位、甚至全方位观测系统。

超大道数新型地震记录仪器的使用使高密度地震勘探成为可能。Cooper等（2004）认为使用道密度［方程（3-20）］评价观测系统比使用覆盖次数评价观测系统更合理，并给出了不同勘探目标应该选择的道密度的原则，当然这一原则与他们选择的项目有关，不能简单套用他们的原则标准。

$$T_D = \frac{S \times 10^6}{S_{LI} \times R_{LI} \times \Delta x \times \Delta y} \qquad (3-20)$$

式中：T_D代表道密度，单位为道/km²；S代表排列片有效面积，单位为m²；S_{LI}代表炮线距，单位为m；R_{LI}代表接收线距，单位为m；Δx代表道距，单位为m；Δy代表炮点距，单位为m。

道密度表示的是每平方千米内在给定切除函数下（最大炮检距范围内）用于目标体成像的道数。道密度越高越利于地质目标成像质量，道密度采用多少要充分考虑目标地质体的深度、构造发育的复杂程度、地震地质条件和勘探成本的投入情况。高密度地震勘探一般趋向于采用小的道距、小的炮点距和小的激发、接收线距；趋向于采用单点激发、单点接收。很显然，这样的观测系统不仅考虑对有效反射波的无假频采样，而且也考虑了对主要干扰波的无假频采样，这对后期信噪分离是非常有利的。另一方面，单点激发与接收的观测系统更有利于保护中高频反射信息，有利于提高资料的分辨率。但是高密度观测系统原始单炮记录会由于没有采用组合激发、组合接收而使信噪比显得较低，这就需要改变固有观念，制定与高密度地震勘探相适应的资料评价标准。

宽方位、高密度观测系统结合宽频激发技术就组成了"两宽一高"高精度三维地震勘探技术。近年来，叠前深度偏移技术逐渐实现了大规模工业化生产，叠前深度偏移技术要求野外采集尽可能实现"均匀采样、对称采样"，这就要求"两宽一高"技术在强调宽方位、宽频与高密度采样的同时，要尽量做到"接收线距等于炮线距"、"道距等于炮点距"，甚至要求四个参数完全相等。从"两宽一高"技术内涵与要求不难看出，使用这项高精度三维地震勘探技术需要更大的设备投入、成本投入，因而制约了这项技术的推广使用，可控震源高效采集技术的发展为使用"两宽一高"技术提供了可能性，使这项技术在成本没有大幅度提升的前提下得以推广应用。"两宽一高"与可控震源高效采集技术结合就形成了"两宽两高"高精度三维地震勘探技术，这代表了陆上地震勘探的发展方向，也带来了观测系统发展的一场技术革命。

第三节　激发参数选择

可控震源地震勘探主要激发参数包括扫描信号参数（类型、频带宽度、起止频率、扫描长度、斜坡函数）和震源组合参数、可控震源出力。勘探项目的地质任务决定了激发参数选择的方向、勘探区域大地非线性响应特征决定了激发参数选择的范围。对于一个没有开展过地震勘探或地震勘探程度较低的工区，通过野外试验确定最佳的激发参数是至关重要的、必不可少的。在激发参数选择时，可控震源自身性能指标以及机械系统使用状况也是必须考虑的因素之一。

地震勘探如果属于地质普查或油气勘探领域，那么项目基本围绕查清盆地基本结构、划分区域构造单元、寻找有利成藏带等地质任务展开，激发参数的选择偏重有利于提高资料信噪比；勘探项目如果属于地质详查或油气开发领域，那么项目重点围绕查明地层或岩性边界、圈闭范围、幅度、储层厚度、储层含油气特征等地质任务展开，激发参数的选择应偏重有利于提高地震资料分辨率、保真度等。大地的非线性响应特征主要由近地表低降速带、深部地层（近地表低降速带以下地层）及两者对地震波的吸收衰减特性决定，不同地区大地的非线性响应特征不同；低降速带的厚度越大，速度越低，成岩（胶结）程度越差，对中高频有效信息吸收衰减越严重；深部地层厚度变化、岩石物性变化（波阻抗等变化）和地震波的球面扩散作用决定了地震波吸收衰减特征。在设计激发参数之前，需要利用已有的地面地震资料、VSP资料和测井资料确定地震波有效频宽和主要目的层地震波频率响应特征。了解了这些特征可以更加合理地设计激发参数。

一、扫描信号类型

本书第二章较为详细地介绍了三种扫描信号：线性扫描信号、非线性扫描信号、伪随机扫描信号。为了便于阅读，本节再次归纳总结这三种扫描信号的技术特点：

线性扫描信号参数设计和参数调整方便、相位易于控制，在不同地表条件下使用线性扫描信号可以保证相关子波一致性和较高的施工效率，因此线性扫描信号一直是可控震源地震勘探主流扫描信号。线性扫描信号不足之处在于没有考虑在激发环节补偿大地对信号在传播过程中的吸收衰减问题、没有考虑补偿不同地层选频能量吸收问题。

非线性扫描信号考虑了近地表及深部地层对地震波的吸收衰减，能够补偿由于大地非线性响应对地震波特定频率成分的吸收衰减损失。一个工区影响地震波响应特征的关键因素之一是近地表低降速带，如果近地表低降速带纵横向变化大，那么对地震波的吸收衰减特征变化也大，如何设计不同的非线性扫描信号适应这种变化是使用非线性扫描信号无法完全解决的问题。另一方面，当可控震源能级不变（可控震源型号决定能级水平）时，一旦扫描信号长度确定后，那么总的下传能量就固定不变，被补偿频带能量的增加（扫描速率降低、扫描时间增加）意味着其他频率成分下传能量的降低，这是不希望看到的矛盾。

线性扫描、非线性扫描又分为升频扫描与降频扫描。所谓升频扫描是指扫描频率随着时间而增大，降频扫描是指扫描频率随着时间而降低。无论升频扫描还是降频扫描，地震记录中都无法避免二次谐波的存在，关于谐波的相关知识将在后面章节论述。目前，野外采集项目多采用升频扫描，其二次谐波等多次谐波对记录的影响要小于降频扫描。东方地球物理公司陶知非等在编著的《可控震源实用技术》培训丛书中指出："可控震源在激发过程中的耦合问题和能量问题通过震源综合设计与控制技术的应用已经得到了很好的解决，因此降频扫描信号在这方面所具有的优势已经不明显了"。

使用伪随机扫描信号的目的之一是压制旁瓣干扰、提高分辨率；另一个目的是减少产生共振的几率、有利于施工区域环境设施的保护。但是随着线性扫描信号斜坡函数不断改进，目前能够满足压制相关旁瓣的要求，同时也不会产生强的相关噪声。从世界范围内看，伪随机扫描信号目前没有得到广泛的应用。

二、扫描信号频带宽度

不同工区大地对地震波的非线性频率响应特征不同，设计频带宽度时不能回避这一客观因素。可以利用已有资料研究确定大地的非线性频率响应特征，例如对以往地震单炮记录做频谱分析、分频扫描等，从而确定有效波最低、最高频率，进而确定扫描信号的频带宽度；利用VSP资料可以较为准确确定近地表低降速带以及主要目的层的频率吸收特征、估算 Q 值，进而建立地层吸收衰减模型、预测可记录有效波频带范围。

一般情况下，设计的扫描信号频带宽度应大于根据已有资料确定的有效波频带宽度，主要原因是考虑了扫描信号斜坡带占据了部分频率。如果地震勘探项目是区域性的地质普查或油气勘探初级阶段，那么为保障主要构造层的成像效果，选择的扫描信号频带宽度可以小于估算的可记录的有效波频带宽度，这种选择仅考虑了需要有足够大的下传能量与较高的资料信噪比。

单纯从分辨率角度出发，扫描信号的相对频宽越宽越好，一般要超过 2.5 个倍频程。

什内尔索纳等指出，"只有在使用相对频宽为 2 个或更大倍频程的扫描信号时，才有可能实现线性扫描信号的高分辨率可控震源地震勘探"。前面章节中关于相关子波清晰度 S 与相对频宽 R 之间关系的论述和相关子波分辨率 R_e 与中心频率 F_0 之间关系的论述清楚地表明，相对频宽 R 越大，则清晰度 S 越高，旁瓣值越小，相关噪声越小，分辨率越高；在保证使用具有 2 个以上倍频程扫描信号的前提下，随着中心频率 F_0 的增大，相关子波的主瓣变窄，相关子波分辨率 R_e 变高。

三、起始频率与终了频率

起始频率、终了频率的选择要综合考虑大地的频率响应特征与可控震源性能指标。以升频扫描信号为例，从有利于速度反演、有利于提高深层反射能量和利用低频信息直接检测油气等角度出发，起始频率 F_1 或最低扫描频率 F_L 的选择应越低越好，但对于大多数 60000lb 常规可控震源来说，最低极限使用频率为 6Hz 左右，扫描信号最低频率 F_L 低于这一极限频率，会严重损坏可控震源机械及液压系统。在 2005—2013 年期间，有些公司利用特殊的信号设计技术突破了 6Hz 这一使用极限，使扫描信号最低扫描频率 F_L 达到 3Hz。这种扩展低频设计方法是通过降低出力的方式满足可控震源重锤行程与液压流量对出力的限制，由于低频部分出力很小，因此必须通过降低低频变化速率、增加低频扫描长度补偿低频激发能量，这会占用中、高频激发时间，降低中、高频激发能量；实际资料表明，扩展低频设计方法获得的扫描信号在野外实现过程中相位畸变较严重，组合激发存在一定问题，增加了资料处理的难度。在无特殊要求情况下，建议不采用常规可控震源扩展低频设计方法。

由于可控震源是地面激发源，因此单炮记录的面波干扰非常严重，野外如何压制面波干扰一度成为重点考虑的问题。进入 21 世纪，地震采集仪器带道能力急剧提升，无道数限制的无线节点仪器异军突起，促使地震采集方法趋向于宽频、全波场无假频采集，也就是说无论干扰波还是有效波，在野外采集时尽可能保证宽频、保真、无假频采集，这样才能实现资料保真、保幅处理。如果在野外采集阶段试图通过提高激发信号最低扫描频率 F_L 来避开面波干扰，那么同样也无法记录低频有效波，后期无法发挥低频有效波在速度反演、油气检测等方面的技术优势。总之，在设备状况允许的情况下，扫描信号最低扫描频率 F_L 越低越好。

升频扫描的终了频率 F_2 或最高扫描频率 F_H 的选择应该略高于工区能够采集到的有效波的最高频率 f_h，高出多少需要考虑可控震源出力水平以及扫描信号斜坡类型、斜坡长度。假设能够采集到的有效波的最高频率是 f_h、扫描频率变化率是 q、斜坡长度是 T_1，建议采用公式（3-21）选择最高扫描频率 F_H，即

$$F_H = f_h + \frac{qT_1}{m} \qquad (3-21)$$

式中：m 是一个比值，扫描信号斜坡带长度与高频端斜坡带到达 f_h 时所用时间比值，与斜坡函数类型有关。例如，扫描信号为线性升频信号，频带范围是 6～96Hz，长度是 10s，斜坡长度为 0.5s，振幅为 1，频率变化为 9Hz/s，f_h 等于 93.75Hz。斜坡带内频率变化范围为 91.5～96Hz。假设扫描频率的幅值小于 0.5 则认为无法恢复有效反射，而频率从幅值为 1 的 91.5Hz 变化到幅值为 0.5 的 93.75Hz 时用掉了 0.25s，那么 m 的值就是 2。当然 m

的值与最低有效幅值、斜坡类型及扫描信号的类型都有关系。笔者认为应简化设计，m 直接取 2 就可以了。不同地区大地对地震波的频率响应特征不同，近地表低降速带对高频成分吸收、衰减最为严重，近地表低降速带以下深部地层对高频成分的吸收衰减相对较弱。查明大地的频率响应特征，就可以估计 f_h。可以通过两种途径获得不同地区不同地震波频率响应特性，一是利用微地震测井结合 VSP 测井资料，通过简单的频谱分析，就可以得到地震波频率响应特性曲线，如果结合其他测井资料如密度、电阻率等资料，也可以建立区域吸收衰减模型，定量估算频率响应特性。但是在复杂近地表或复杂构造区，这种定量估算的方法只能代表较小的区域，具有局限性；二是直接通过分析野外激发试验资料，这是最直接、最有效的方法。

四、扫描长度

从可控震源褶积积分模型不难看出，可控震源激发能量是随时间积分累加的，也就是说随着扫描长度的增加，可控震源激发产生的能量不断增加、反射波能量不断提高。由此可见，在可控震源地震勘探中，增加扫描长度是提高反射能量的重要方法之一。但是一味增加扫描长度，会降低施工效率。因此扫描长度的选择要综合考虑最深目的层或陡倾界面反射能量的需求、施工效率的要求。在保证资料分辨率以及施工效率的前提下，可以利用多台可控震源组合激发的方式提高激发能量，从而平衡扫描长度与施工效率之间的矛盾。

可控震源高效采集方法一般要求每一个炮点使用单台可控震源激发，不同可控震源之间可以同步激发实现高效采集。这种同步激发技术一般通过增加扫描长度提高激发能量，有些公司甚至采用长度 40s 的扫描信号。笔者认为无论高效采集方法还是常规采集方法，扫描长度的选择都要综合考虑资料品质、施工效率、设备投入等因素，必要时可以开展野外扫描长度试验，通过试验确定扫描长度。

五、斜坡函数与斜坡长度

斜坡函数（镶边函数）的类型及斜坡长度影响扫描信号振幅谱及相关子波波形特征，影响反射信号振幅及波形特征。众所周知，当扫描信号在某一频率突然中断（振幅突然变为零），那么扫描信号频谱在这一频率附近会出现震荡现象，这就是众所周知的 Gibbs 效应。同没有突然中断的扫描信号自相关子波相比，突然中断的扫描信号自相关子波次极值及边叶衰减慢、反射信号信噪比及分辨率低。以往常用的斜坡函数有线性函数、正弦函数、余弦函数。相比而言，余弦函数更有利于减弱 Gibbs 效应，余弦函数型斜坡函数已经在前面介绍过，这里不重复介绍。

布莱克曼（Blackman）窗函数对于抑制 Gibbs 效应效果更好，因此目前可控震源生产厂商推荐采用布莱克曼窗函数，可控震源扫描信号使用的布莱克曼窗函数可以用方程（3-22）表示，即

$$B(t) = \begin{cases} 0.58 - 0.5\cos\dfrac{\pi t}{T_1 - 1} - 0.08\cos\dfrac{2\pi}{T_1 - 1}, & 0 \leqslant t \leqslant T_1 \\ 1, & T_1 \leqslant t \leqslant T_D - T_1 \\ 0.42 + 0.5\cos\dfrac{\pi t}{T_1 - 1} + 0.08\cos\dfrac{2\pi}{T_1 - 1}, & T_D - T_1 \leqslant t \leqslant T_D \end{cases} \tag{3-22}$$

式中：$B(t)$ 代表扫描信号的 Blackman 斜坡函数；T_1 代表斜坡长度；T_D 代表扫描长度；t 代表扫描信号任意时刻时间值。

斜坡长度的大小直接影响相关子波特征。理论上起始斜坡与终了斜坡长度之和等于扫描长度。若扫描频带足够宽，相关子波形态类似于脉冲响应、能量集中在主瓣。可控震源属于有限带宽激发源，因此相关子波不可能做到这一点。选择斜坡长度重点要考虑扫描信号类型、扫描长度以及需要得到的最低、最高频率。线性扫描信号起始斜坡与终了斜坡长度可以相等，一般选取范围为 $0.2\sim0.5s$ 之间。非线性扫描信号起始斜坡与终了斜坡长度一般不能相等。一般地，补偿高频的非线性扫描信号其起始斜坡长度应小于终了斜坡长度，反之斜坡长度应大于终了斜坡长度。起始斜坡与终了斜坡长度之和不应等于扫描长度，否则大地频率响应等不确定因素对反射信号频率特征的影响会直接损害勘探效果。由于 Gibbs 效应的存在，设计扫描信号时必须增加斜坡，斜坡的存在会使扫描信号部分起始、终了频率端损失部分频率，因此在前面章节中强调最高扫描频率 F_H 要高于能够采集到的有效波最高频率 f_h，公式（3-21）中，大地的频率响应特征决定了 f_h、斜坡函数类型决定了 m、扫描长度及大地频率响应特征共同决定了 q，我们可以通过相关模拟运算获得相关子波，判断相关子波形态的优劣最终确定最高扫描频率 F_H、斜坡长度 T_1。

六、组合激发扫描信号

如果勘探目的层很深或勘探区近地表低降速带厚度大，地下存在火成岩等地质体，那么往往采用多台可控震源组合激发的方式提高激发能量。当然也可以使用单台可控震源激发并通过增加扫描长度来达到提高激发能量的目的，但是这种方式难以在这些特殊的地区达到预期的勘探效果，原因很简单，单台可控震源出力是固定不变的，在相同的扫描长度前提下，多台可控震源出力是同相叠加的，相关叠加后的能量自然比单台可控震源相关叠加的能量要强，多年的实践也证明了这一点。

多台可控震源在同一炮点多次扫描激发时，一般采用相同的扫描信号，如果地下某地层或岩性体对特定频率成分具有较强的吸收与衰减作用，那么可以考虑使用模拟变频扫描方式组合激发以弥补特定频率成分的损失。所谓模拟变频扫描是指在同一炮点多台可控震源多次扫描激发时，不同震源同次扫描采用相同扫描信号、不同次扫描之间采用不同的扫描信号。例如采用四台四次扫描，第一次扫描采用线性升频 $3\sim96Hz$ 的扫描信号、第二次扫描采用线性升频 $6\sim96Hz$ 的扫描信号、第三次扫描采用线性升频 $12\sim96Hz$ 的扫描信号、第四次扫描采用线性升频 $24\sim96Hz$ 的扫描信号。把每一次扫描的得到的相关记录叠加到一起就得到突出高频的反射资料。需要分析工区大地的频率响应特征后确定需要弥补哪个频段的资料；采用哪些扫描信号，建议最好做正演相关运算来分析子波形态最后确定。

七、出力

可控震源出力水平主要是由震源类型、使用状况决定，一般出力在 70% 左右最能发挥可控震源机械性能。当然，在特殊信号设计时，比如在常规可控震源扩展低频设计时，出力水平受重锤行程和液压流量的限制，这种情况下扩展低频部分的出力要考虑不同型号可控震源上述两个制约条件。

这里仅仅论述了可控震源地震勘探主要激发参数选择的原则，笔者再次强调，激发参数的选择必须综合考虑大地频率吸收衰减特征和可控震源自身性能，最重要的是在野外开展相应的试验最终获得经济可行的激发参数，试验工作非常重要，不可或缺。

第四节　相关记录主要干扰波分析

可控震源相关地震记录上的干扰波有些与炸药震源地震记录干扰波相同，有些则是相关运算造成的特有干扰波。面波、多次波、声波、侧面干扰、近地表特殊地质体的绕射干扰，刮风、汽车、火车等因素造成的随机干扰，外源如工农业生产引起的其他噪声等，都是可控震源相关地震记录与炸药震源地震记录所共有的干扰波。由相关运算造成的可控震源地震记录特有的干扰波主要包括谐波干扰、旁瓣或边叶噪声、脉冲相关反向噪声等。

一、谐波干扰

当可控震源向大地传播扫描信号时，由于"可控震源机械—液压系统"和"可控震源—大地系统"的非线性特征（包括机械系统与液压系统同步精度问题、振动平板变形、平板与大地的耦合问题等），导致传播到大地的信号是地面力信号，而不是单纯的扫描信号。地面力信号包括基波信号与谐波信号，理想情况下基波信号与扫描信号仅仅在振幅上有微小区别。谐波信号用方程（3-23）表示（为与前文描述扫描信号的方程（2-37）保持一致，这里对引用方程做了修改），即

$$H_k(t) = A_k(t)\sin 2\pi k\left(F_1 + \frac{qt}{2}\right)t \qquad (3-23)$$

式中：$H_k(t)$ 代表第 k 次谐波；$A_k(t)$ 代表第 k 次谐波的振幅。从方程（3-23）不难看出，第 k 次谐波起止频率与基波信号起止频率之比成 k 倍关系。例如，一个 6～96Hz 的线性升频基波信号，对应一个 12～192Hz 的二次谐波、对应一个 18～288Hz 的三次谐波等。假设扫描信号（参考信号）有一个 $\Delta\Phi$ 初始相位的变化，将导致第 k 次谐波相位发生 $k\Delta\Phi$ 的变化。谐波总是在基波之后出现，谐波与基波之间组成一个延续时间大于扫描长度的复杂信号，这一复杂信号通过大地后被采集系统接收。谐波强度与振动系统总质量、扫描方式、出力大小、耦合情况等有关，通过对野外大量实测数据的频谱分析表明，二次谐波能量最强，对可控震源相关地震记录影响最大。

对于频带大于一个倍频程的基波扫描信号而言，采集仪器记录的振动记录与基波扫描信号互相关后，第 k 次谐波产生的谐波干扰出现的时间相对于基波扫描信号自相关零时刻的起止时间可以用方程（3-24）、方程（3-25）来描述，即

$$t_{ks} = \frac{(k-1)T_D F_L}{F_1 - F_2} \qquad (3-24)$$

$$t_{ke} = \frac{(k-1)T_D F_H}{k(F_1 - F_2)} \qquad (3-25)$$

式中：t_{ks}、t_{ke} 分别代表第 k 次谐波干扰的起始时间、结束时间。从方程（3-24）、方程（3-25）可以看出，常规可控震源生产时，由于可控震源在不同的炮点激发信号时彼此的扫描时间相互不重叠，可以通过使用线性升频扫描信号使相关后产生的谐波干扰置于相关子波负时间轴上，从而避免影响正时间轴上的有效反射信号。当然，使用线性升频扫描信

号时，较深层波阻抗界面相关子波对应的谐波干扰可能出现在初至与该界面反射波之间，从而影响资料信噪比，这种情况必须考虑如何压制谐波干扰。如果使用线性降频扫描信号，则谐波干扰出现在正时间轴上。如果希望谐波干扰远离有效反射波，可以通过增加扫描长度或提高扫描信号最低频率的方式实现。在可控震源高效地震采集技术中，由于可控震源在不同炮点激发时，扫描时间彼此相交，不同相关炮记录产生的谐波干扰会影响其他相关炮有效反射信息，因此去除谐波干扰是高效采集面临的问题之一。这一问题将在第四章做介绍。

　　图 3-9a 是线性升频扫描信号产生的力信号（黑色）示意图，包括基波（蓝色）、二次谐波（绿色）、三次谐波（粉色）。图 3-9b 为力信号与振动记录（采集仪器记录的地面振动记录）互相关道示意图。需要关注的是，二次、三次谐波的起止频率分别是基波起止频率的 2 倍、3 倍，谐波与基波具有相同的扫描长度，谐波的振幅小于基波振幅，二次谐波干扰、三次谐波干扰出现在负时间轴上。

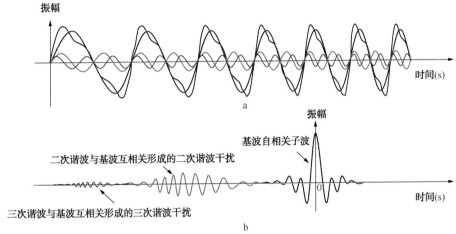

图 3-9　a 为线性升频扫描信号产生的力信号（黑色）示意图：基波（蓝色）、二次谐波
（绿色）、三次谐波（粉色）；b 为力信号与振动记录互相关道，分别表示基波
自相关子波（蓝色）、二次谐波干扰（绿色）、三次谐波干扰（粉色）

　　图 3-10a 是线性降频扫描信号产生的力信号（黑色）示意图：包括基波（蓝色）、二次谐波（绿色）、三次谐波（粉色）。图 3-10b 为力信号与振动记录（采集仪器记录的地面振动记录）互相关道示意图。二次、三次谐波的起止频率分别是基波起止频率的 2 倍、3 倍，谐波与基波具有相同的扫描长度，谐波的振幅小于基波振幅，二次谐波干扰、三次谐波干扰出现在正时间轴上。

$$\lambda = \frac{A(t)}{A_k(t)} \frac{1}{\sqrt{2T_D(k-1)(F_H - F_L)}} \tag{3-26}$$

　　基波与谐波互相关记录频率范围与基波一致，二次谐波与基波互相关产生的二次谐波干扰振幅小于基波自相关子波的振幅。A. J. Seriff（1970）给出了当谐波为第 k 次谐波时二者比值 λ 的方程［方程（3-26）］，二次谐波与基波仅有一部分频率成分是相同的（当基波最高频率大于二次谐波最低频率时），二者在互相关相乘、累加得到的振幅必然小于自相关子波振幅。

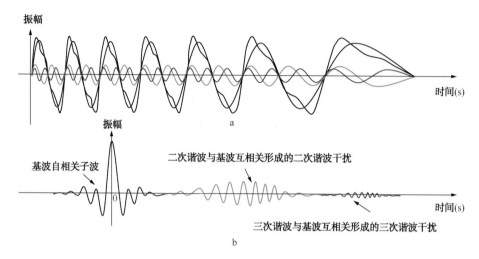

图 3-10　a 为线性降频扫描信号产生的力信号（黑色）示意图：基波（蓝色）、二次谐波
（绿色）、三次谐波（粉色）；b 为力信号与振动记录互相关道，分别表示基波
自相关子波（蓝色）、二次谐波干扰（绿色）、三次谐波干扰（粉色）

二、相关边叶噪声

扫描信号自相关会产生相关边叶噪声，相关子波中心部位宽度以外的部分就是相关边叶。当斜坡长度一定时，线性扫描信号边叶最大幅值与主峰极值之比可以用公式 $1/(\pi\Delta Ft)$ 粗略估算（陶知非等）描述，其中 ΔF 是扫描信号绝对频宽，t 是时移。这一公式还揭示了相关边叶噪声与绝对频宽之间的反比关系。图 3-11 是线性升频扫描信号（频率范围 6～96Hz，扫描长度为 10s、斜坡为 250ms）自相关子波示意图，相关子波中心部位宽度约为 0.02s，这种情况下旁瓣负极值就是相关边叶最大值，利用 $1/(\pi\Delta Ft)$ 估算的旁瓣负极值约等于主瓣正极值的 0.19 倍，实际从图 3-11 中估算比值约为 0.15 倍。从图 3-11 还可看出，主瓣负极值约等于正极值 0.25 倍，如果波阻抗界面双程时间厚度小于 0.044s，那么主瓣、旁瓣势必影响界面的反射信息；如果波阻抗界面双程时间厚度大于 0.044s，主瓣及旁瓣负极值过大也会形成连续同相轴，很可能把这一连续同相轴解释为有效反射界面。

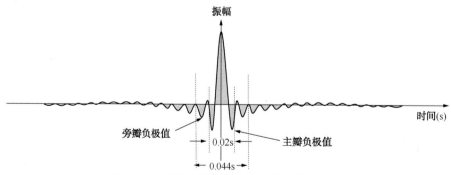

图 3-11　线性升频扫描信号自相关子波示意图

相关边叶噪声也会增加相关记录初至时间拾取难度，影响近地表速度反演精度。图 3-12a，b 是两张可控震源相关地震记录，两张记录的初至波起跳不干脆、初至时间难以准

确拾取。如果初至时间拾取不准确，那么就不能准确反演近地表低降速带厚度、速度，从而影响静校正精度。图3－12b的情况比较特殊，初至前有很多平行于初至的强同相轴，这是由于回放初始增益过大造成的，只有可控震源相关记录才能出现这种情况。

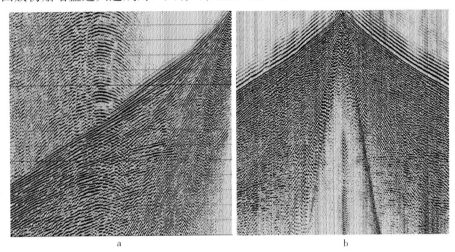

图3－12　可控震源相关单炮记录

　　理想情况下的可控震源相关记录是零相位的，在后期处理时要做小相位化处理才能满足处理要求。小相位化处理有很多方法，最普遍的方法是利用相同位置的炸药震源资料提取反褶积算子实现小相位化。小相位化过程也是削弱相关噪声的过程，但是最彻底的消除相关噪声的方法是避免使用相关算法，利用地面力信号作为算子，对检波器接收的振动记录做反褶积运算，可以获得可控震源地震记录，这样避开了相关运算，但是需要野外准确记录地面力信号。

三、脉冲相关反向噪声

　　可控震源振动记录中经常记录到能量很强的尖脉冲，这些尖脉冲一般是由记录仪器内部电路或天电干扰造成的，当然也有外界随机干扰源产生的，这些尖脉冲与扫描信号相关就在相关记录中形成了脉冲相关反向噪声，这种噪声的特点在前面章节中已经详细介绍。在处理时剔除这些不正常道就可以了。

　　以上三种干扰是可控震源相关地震记录特有的干扰波，当然可控震源相关地震记录还有其他特殊的干扰波，例如谐振带来的声波干扰等。随着可控震源不断推广应用，特别是可控震源高效采集技术的发展与应用，还会出现临炮干扰等其他特有的干扰波，需要我们在生产中给予关注并研究解决。

第五节　勘探实例分析

一、吐哈盆地巨厚戈壁砾石区深层勘探实例

　　2002年，原石油物探局在吐哈盆地台北凹陷前侏罗系深层地震采集中取得了突破。采

集测线地表是巨厚的戈壁砾石滩（图3-13a），砾石厚度在10～70m之间（图3-13b），巨厚的地表砾石对地震波具有强烈的吸收衰减作用；由于钻井工艺的限制，在这种地区无法使用井炮激发，只能用可控震源作为激发源。勘探目的层是深度在4200m以上的前侏罗系，侏罗系水西沟群西山窑组（J_{2x}）与八道湾组（J_{1b}）巨厚煤系地层对中高频能量具有选频屏蔽作用，导致前侏罗系信噪比低。如何设计扫描信号参数、如何提高深层反射能量是要解决的问题。

 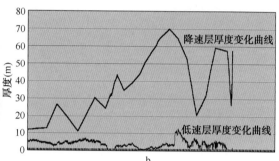

图3-13　a为巨厚戈壁砾石图片；b为低降速厚度变化图

　　扫描信号参数的设计必须综合考虑大地对地震波的吸收衰减特征，兼顾浅、中、深层地震资料的信噪比与分辨率。利用鄯科1井VSP下行波资料研究大地的频率响应特征。图3-14a表示鄯科1井井点位置大地对不同频率成分地震波衰减情况散点图，可以看出，主频在20Hz的地震波吸收衰减量最小；在深度4200m左右发育侏罗系煤系地层，这套地层对于频率大于30Hz的地震波能量衰减迅速。从图3-14b鄯科1井下行波初至频谱可以看到，中浅层频带范围在10～60Hz之间；当地震波穿过西山窑与八道湾煤系地层之后，下部地层的反射波主频在18～20Hz附近且能量显著变弱。可以得到如下结论：煤系地层对于主频大于18～20Hz的地震波具有选频屏蔽作用，地震记录仪器无法接收到；而主频为18～20Hz的地震波在穿透煤层之后能量变弱，但是地震记录仪器可以接收到。

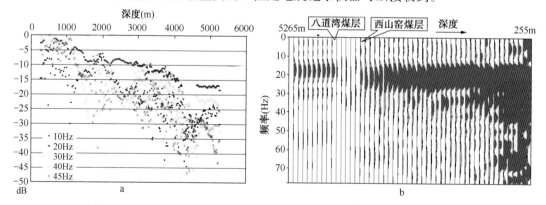

图3-14　a为利用鄯科1井VSP资料计算得到的大地对不同主频地震波
衰减情况散点图；b为鄯科1井VSP下行波频谱分析图

　　从对图3-14的分析中可以确定选择扫描信号参数的原则：首先为保证中浅层资料的分辨率，扫描信号有效频带至少在10～60Hz之间；为保证补偿深层低频能量损失，扫描信号有效频带范围至少在 10～25Hz；由于重点勘探目标是前侏罗深层，因此扫描信号频带范围的选择应该保证可控震源激发能量有效转化为能够被记录的深层低频信号，而不是把激发能量浪费在地震仪器接收不到的高频成分。受可控震源设备自身条件的限制，VSP 测井使用的激发信号低频过高，如果激发信号低频足够低，那么 VSP 资料低频有效信号的频率会更低。

由于勘探目标埋藏深度大，因此采用多台可控震源组合激发对于提高激发能量、获得深层反射至关重要。结合考虑中、浅层分辨率及深部地层频率响应特征，项目最终采用了多台可控震源多次组合激发、不同次扫描采用不同扫描信号的模拟变频扫描方式。模拟变频扫描重点加强低频信号，通过相关正演分析结合可控震源状况、斜坡长度对扫描信号有效频率的影响以及以往老资料特点，最后我们选择的扫描信号是线性升频扫描，扫描次数为四次，分别是 6～70Hz、6～62Hz、6～54Hz、6～48Hz。图 3－15a 是四组不同频带宽度扫描信号组合示意图，可以看到这是一个加大勘探深度的扫描信号组合；图 3－15b 为四组扫描信号自相关叠加子波。

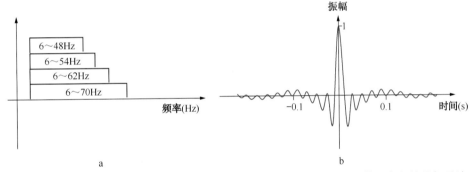

图 3－15　a 为四组不同频带宽度扫描信号组合示意图；b 为四组扫描信号自相关叠加子波

为确定组合台数及扫描长度，在野外需要做相应试验工作。图 3－16 是组合台数试验单炮记录，其中图 3－16a 是固定增益原始单炮记录，图 3－16b 是 40～80Hz 带通滤波后的单炮记录。很明显，8 台组合激发记录远偏移距、中浅层反射资料信噪比最高。图 3－17 是扫描长度试验单炮记录，其中图 3－17a 是固定增益原始单炮记录，图 3－17b 是 40～80Hz 带通滤波后的单炮记录，扫描长度为 16s、20s 的记录远偏移距、中浅层反射资料信噪比相当，均高于扫描长度为 12s 的记录，综合考虑施工效率，最终选择扫描长度为 16s。

对比使用四台可控震源组合激发的叠加剖面（图 3－18a）与使用 8 台可控震源组合激发的叠加剖面（图 3－18b）可见，使用 8 台组合激发的剖面前侏罗系地层（红框内）反射信噪比明显提高，而 4 台组合激发的剖面前侏罗系（红框内）基本没有反射信息。

二、塔里木盆地大沙漠区先导试验

国内在沙漠地区一般使用炸药震源而很少使用可控震源，尤其在塔里木盆地塔中大沙漠区，采用炸药震源潜水面以下激发使地震资料品质得到大幅度提升。但是随着宽方位、高密度等高精度二次、三次三维地震新技术的推广应用，炸药震源不能像可控震源一样有效控制新技术的使用成本。为此，东方地球物理公司为了论证可控震源在大沙漠地区使用的可行性在塔中开展了先导试验。图 3－19a 是施工现场，图 3－19b 是测线低降速带厚度

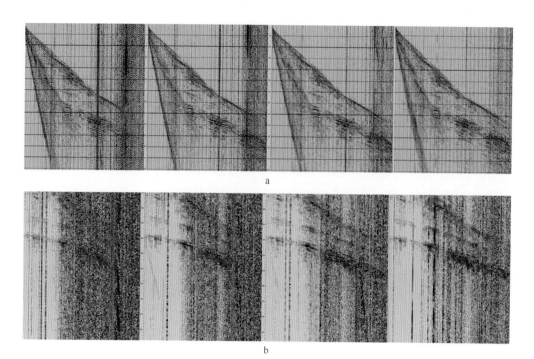

图3-16　a为固定增益单炮记录（自左至右依次对应2台、4台、6台、8台）；
　　　　b为40～80Hz带通滤波后的单炮记录（自左至右依次对应2台、4台、6台、8台）

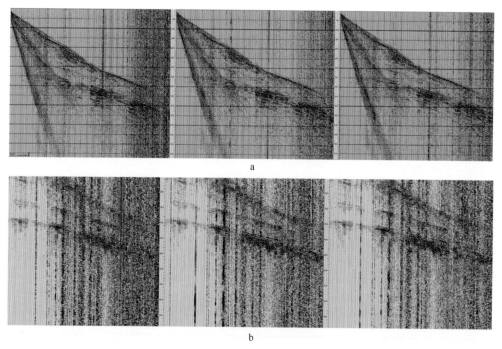

图3-17　a为固定增益单炮记录（自左至右依次对应12s、16s、20s）；
　　　　b为40～80Hz带通滤波后的单炮记录（自左至右依次对应12s、16s、20s）

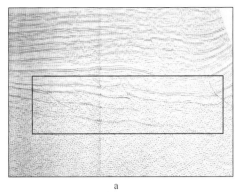 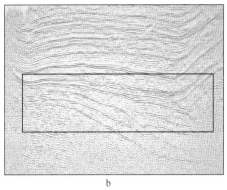

图 3 - 18　a 为 4 台 60000lb 可控震源组合激发叠加剖面；

b 为 8 台 60000lb 可控震源组合激发叠加剖面

 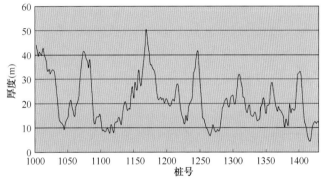

图 3 - 19　塔中沙漠施工照片（a）和低降速带厚度变化曲线图（b）

变化曲线，低速带厚度（沙丘厚度）在 5～50m 之间。

　　由于在塔里木塔中大沙漠区首次开展可控震源规模化试验，因此项目对组合台数、扫描频带、扫描次数、扫描长度、震源出力、覆盖次数等开展了系统试验。在试验之前，分析了炸药震源潜水面以下激发原始单炮资料频带宽度，最高有效频率在 60Hz 左右，因此在扫描频带试验最高扫描频率设定为 64Hz。

　　图 3 - 20a，b，c 分别对应 1 台 2 次、2 台 2 次、3 台 2 次激发得到的单炮记录，2 台 2 次、3 台 2 次激发都可以得到目的层反射信号（红色矩形框内），考虑到组合具有压制高频的问题，最终选择 2 台组合激发。图 3 - 21a，b，c 分别对应 2 台 1 次、2 台 2 次、2 台 3 次激发得到的单炮记录，三个单炮记录信噪比无明显区别，考虑到施工效率，最终选择 2 台 1 次组合激发方式。扫描频带试验中，对比分析了 3～64Hz、4～64Hz、5～64Hz、6～64Hz、7～64Hz、8～64Hz 单炮记录，但是考虑到所使用的不是低频震源，而常规震源要求低频不能低于 6Hz，否则会损害机械系统，影响施工。因此，最终选择的扫描频带为 6～64Hz。图 3 - 22a，b，c，d，e 分别对应扫描长度为 12s、16s、20s、32s、40s 的单炮记录，随着扫描长度的增加，深层能量、信噪比并没有得到明显提高，综合考虑生产效率与成本，最终选择扫描长度 16s。震源出力试验一般选择 60%～70% 之间，本次试验结果也证明了这一点，最终选择出力 60%。图 3 - 23a，b 分别是使用可控震源激发得到的单炮记录与相

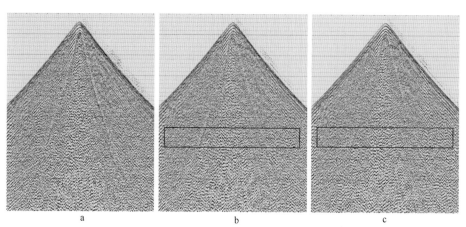

图 3-20　a，b，c 分别对应 1 台 2 次、2 台 2 次、3 台 2 次组合激发得到的单炮记录

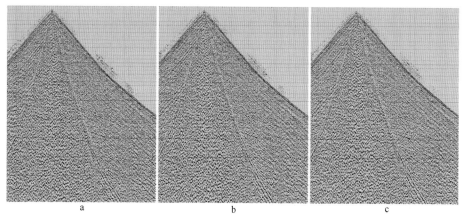

图 3-21　a，b，c 分别对应 2 台 1 次、2 台 2 次、2 台 3 次激发得到的单炮记录

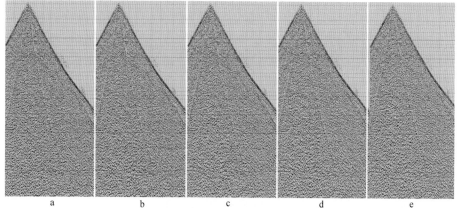

图 3-22　a，b，c，d，e 分别对应扫描长度为 12s、16s、20s、32s、40s 的单炮记录

同位置炸药震源潜水面以下激发得到的记录。两张记录经过去噪处理，从这两张记录不难看出，使用炸药在潜水面以下激发的确比使用可控震源在地面激发信噪比高。但是我们可以通过提高剖面的覆盖次数弥补可控震源单炮记录信噪比低的不足，图 3-24 就证明了这一点。图 3-24a，b 分别是使用可控震源激发得到的叠后偏移剖面、使用炸药震源得到叠

后偏移剖面。可控震源采用 2 台 1 次线性升频扫描方式，频带范围 6～64Hz，扫描长度为 16s，炸药震源采用单井潜水面以下高速层内激发。可控震源资料覆盖次数达到 1200 次，炸药震源资料覆盖次数是 210 次，剖面整体效果没有明显区别，品质相当。

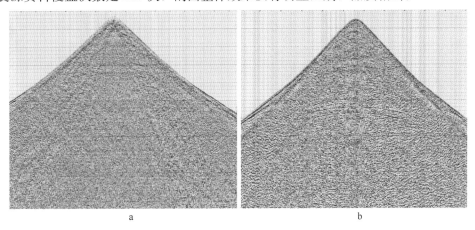

图 3－23　a，b 分别是可控震源激发得到的单炮记录、炸药震源潜水面以下激发得到的记录

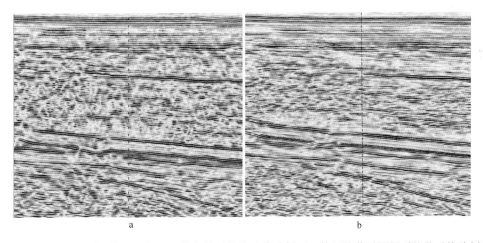

图 3－24　a，b 分别是使用可控震源激发得到的叠后偏移剖面、使用炸药震源得到的叠后偏移剖面

　　塔里木盆地塔中大沙漠区可控震源试验资料说明，在沙漠区可控震源单炮记录信噪比低于潜水面以下激发的井炮记录，但是完全可以利用高覆盖次数或提高激发密度弥补这一不足。在沙漠区使用可控震源是完全可行的，也是有利于保护地下水资源、保证安全施工作业、合理控制地震采集新技术使用成本的最佳作业方式。可控震源在大沙漠区施工时，观测系统覆盖次数或激发密度与资料品质的关系必须通过野外试验来确定。

三、北非大沙漠区勘探实例简介

　　国外地震勘探已经广泛使用可控震源，特别是在中东、北非大沙漠地区，由于环保及安全的要求不允许在沙漠地区使用炸药，因此中东、北非大沙漠区大都使用可控震源。这个勘探实例位于北非某国，地表是起伏不平的沙丘，高差变化从几米到上百米（图 3－25a），和塔里木盆地一样，沙丘底部具有统一的潜水面。根据勘探经验，使用炸药震源在潜水面以下激发能够获得高信噪比及高分辨率的地震资料，但是当地在安全、环保方面要求严格，不允许在沙漠区使用炸药震源。可控震源是地面激发源，沙漠区近地表沙丘对地震波吸收衰减严重，造成单炮记录信噪比较低（图3-25b）。如何提高资料信噪比，有两种途径：一是增加激发能量，二是提高覆盖次数。覆盖次数的提高会极大增加地震勘探成本费用，在勘探初期油公司不会选择这种方式。地震采集项目往往通过使用多台震源组合激发提高激发能量、压制部分干扰，达到提高信噪比的目的。

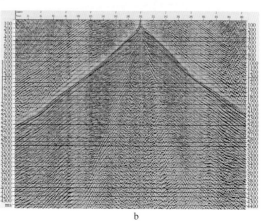

a   b

图3-25　工区内典型沙漠照片（a）和可控震源激发原始单炮记录（b）

信噪比总体较低，但是远炮检距可以看到有效反射波

东方地球物理公司在北非沙漠区开展了大量的可控震源试验点、试验线工作，内容包括可控震源组合台数、扫描信号参数（扫描长度、起止频率、扫描类型等）、道距、排列长度、覆盖次数等。通过对这些试验资料的分析与研究，确定了油气勘探阶段最佳性价比的地震采集方法，使用4~5台可控震源组合、扫描次数2~4次的激发方式，以满足提高有效反射能量、压制随机干扰、提高原始资料信噪比的目的。由于可控震源性能指标及使用状况的限制，扫描信号最低频率一般采用6Hz，最高频率视不同工区试验资料而定。图3-26a是利

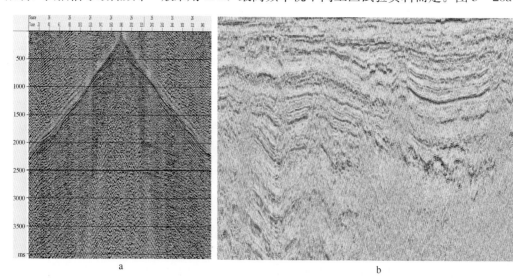

a   b

图3-26　5台2次激发原始单炮记录（a）和沙漠区利用可控震源激发获得的成果剖面（b）

用 5 台 2 次获得的原始单炮记录，可以看到，资料信噪比较高；图 3-26b 是利用 5 台 2 次激发获得的成果剖面，显然资料信噪比较高，反射特征明显，能够满足勘探的需要。

目前，世界各大含油气盆地地震勘探程度都相对较高，油气勘探处于开发阶段，油气勘探领域不断向深层、隐蔽油气藏和寻找残余油气等领域延伸，对地震勘探不断提出更高的要求。为满足这一更高要求，宽方位、宽频、高密度等新的地震勘探方法不断使用，地震勘探费用不断提高。使用炸药震源无法有效控制不断提高的勘探成本，可控震源高效采集技术能够有效控制成本，满足油气勘探的需求。另一方面，各国对安全、环保的重视，促使地震勘探项目摒弃炸药震源，转而大规模推广，使用安全、环保的可控震源。总之，成本的压力、安全及环保的要求使可控震源在不同地表区得以推广使用，使可控震源新技术、新方法不断产生并逐渐完善。

第四章 高效采集技术

在 2000 年以后的十多年期间，地震采集仪器接收道数呈现几何级数增长，单支地震队从配备数千道发展到配备几万道甚至几十万道，如果采用无线节点仪器则更是没有道数的限制。仪器方面的技术发展使以小面元、高炮道密度、高覆盖及宽方位、宽频为特征的高精度地震勘探技术逐渐走向常规应用。WesternGeco 公司的 UniQ 技术、PGS 公司的 HD3D 技术、CGV 公司的 EYE－D 技术等就是高精度地震勘探技术的代表。制约高精度地震采集技术使用的关键因素之一是投入的成本，影响成本的主要因素之一是生产效率，激发方法又是制约生产效率的关键因素之一，如何提高激发效率一直是备受关注的课题。近20 年来可控震源高效采集技术的快速发展在一定程度上解决了高效激发问题，使高精度地震勘探成本投入得到有效控制。

第一节 引 言

回顾可控震源地震勘探发展历史不难发现，随着地震采集仪器的发展，地震采集工程技术人员始终在为提高可控震源地震采集效率而努力。可控震源高效采集发展历程可分为两个阶段。

第一阶段是在 20 世纪 70 年代末到 90 年代初期，地震采集仪器从几十道发展到上千道带道能力。可控震源在野外采用逐个炮点依次激发分别记录的方式生产，震源搬点、等待时间超过了扫描激发时间，生产效率很低。为提高生产效率，Sliverman 等（1979）在三维地震勘探中开展了多台震源、不同炮点同步激发先导试验，并提出了单炮数据分离的方法。R. Garotta（1983）利用 Sliverman 发明的两个提高采集效率的方法开展了野外采集试验：一种类似于现在的交替扫描方法，当一台震源扫描作业时，另一台震源移动到下一个炮点并等到前一台结束扫描时开始扫描作业，消除了震源搬点等待时间，提高了效率；另一种方法是把两套震源放置于同一排列两端，两套震源同时扫描两次并利用同一条排列记录振动信号，这种方法必须对振动记录做处理才能得到两个独立的单炮记录。为便于分离数据，两台可控震源采用变相位的扫描方法：其中一台可控震源在同一炮点扫描两次但保持相位不变，另一台可控震源在第一次扫描时采用与第一台可控震源第一次同步激发时相同相位的扫描信号，第二次激发采用与第一台反相位扫描信号。这样把前后两次扫描相关记录做简单的加、减运算，就可以得到两个独立的单炮记录。图 4－1a 是两台可控震源 A、B 同步激发示意图；图 4－1b，c 分别是两次扫描得到的两张相关地震记录，其中"＋"号代表 A、B 采用相同相位的同一扫描信号，"－"号代表 A、B 采用的相反相位扫描信号；图 4－1d，e 分别代表图 4－1b，c 单炮记录相加、相减后得到的对应于 A、B 两个可控震源的独立的单炮记录；图 4－1f，g 分别代表同一位置利用常规生产方法获得的单炮记录。对比图 4－1d，e 与图 4－1f，g 可见，使用这种采集方法取得了较好的效果。由于是在两个炮点同时激发，不需要像常规方法一样每完成一炮才能开始下一炮生产，因此这种方法的生产效率至少是常规生产的 1.3 倍（考虑可控震源搬点时间）。变相位分离单炮效果的好坏取决于可控震源 A、B 所对应炮点激发条件的一致性，但是不同炮点位置激发条件往往有很大差异，因此这种变相位分离单炮的方法没有得到广泛推广。

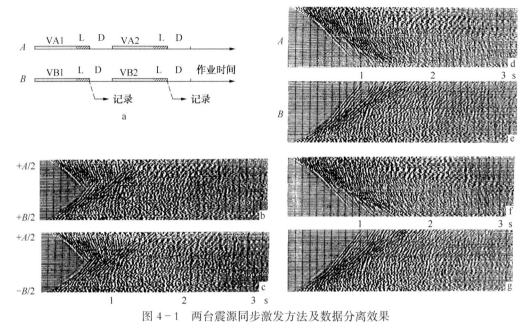

图 4-1　两台震源同步激发方法及数据分离效果

a—同步激发示意图，其中 L 代表听时间，D 代表震源移动时间；b—第一次扫描相关记录；c—第二次扫描相关记录；d—分离后 A 震源对应的单炮记录；e—分离后 B 震源对应的单炮记录；f—常规生产 A 震源对应的单炮记录；g—常规生产 B 震源对应的单炮记录（R. Garotta，1983）

Roger M. Ward 等（1990）分析了 Sliverman 变相位方法存在的问题，认为这种方法无法消除偶次谐波干扰对单炮记录的影响，主要原因是可控震源 B 偶次谐波具有与可控震源 A 扫描信号相同的相位，因此通过相关后叠加的方式不能消除 A 单炮记录中的偶次谐波。文章提出了增加不同相位扫描次数的方式消除偶次谐波干扰的影响，但是笔者认为，增加扫描次数固然可以压制偶次谐波，但是这种方式牺牲了效率，违背了高效采集的初衷。J. E Womack 等（1988）在同一时期也论述了利用相位编码技术消除谐波的方法，并在 1990 年发表文章阐述了基本原理：把长扫描信号分成 4 组或 8 组短的不间断的扫描信号，短扫描信号的相位是变化的。位于不同炮点的两台（组）可控震源分别采用这样的扫描信号从而达到减弱相关噪声、谐波噪声的目的。从文章展示的应用效果分析，原始资料信噪比对这种方法的影响很大，"可控震源—大地"系统非线性特征影响也很大。

进入 20 世纪 90 年代以来，随着地震采集仪器带道能力的迅猛发展，可控震源高效采集技术发展进入第二阶段。1991 年和 1996 年，阿曼石油公司（PDO）率先提出并分别试验交替扫描（Flip-Flop Sweep）和滑动扫描（Slip-Sweep）方法，其生产效率较常规方法分别提高至少一倍、甚至两倍以上；1997 年，在阿曼首先测试了采用滑动扫描方法所需要的硬件设备，随后 CGG 完成了先导试验；1998 年，Sercel 公司宣布完成了适用于 24 位采集系统的滑动扫描软件系统；1998 年 9 月，CGGVeritas 率先将滑动扫描方法应用于实际地震数据采集，标志此项方法走向成熟。2007 年，CGGVeritas 在其网站上介绍了 HPVA 高效可控震源采集方法；2008 年，Postel 等介绍了 V1 方法，若按 12 台震源配置，通过试验可知其最高时效可达 700 炮；2008 年，Howe 等描述了单台震源独立同步扫描方法（ISS：Independent Simultaneous Sweeping）及在阿尔及利亚的先导试验情况，通过试验估算，若投入 20 台震源，每天可完成 10000 炮；2009 年，Jack Bouska 介绍了距离分离同步扫描方法（DSSS 或 DS³：Distance Separated Simultanous）高效采集技术，创造了一天生产 12200 炮的新纪录；2009 年，东方地球物理公司在阿曼率先使用距离分离同步扫描方法 DS³，投入 16 台震源，平均每天作业达 10600 炮；2010 年，利用独立同步扫描方法 ISS 技术再创单日生产效率超过 40000 炮的新高。可控震源地震勘探作业逐渐进入超高效率时代。

目前，可控震源高效地震采集技术已经成熟，形成了交替扫描方法、滑动扫描方法、独立同步扫描方法等系列采集方法。但是任何新技术、新方法并非完美无缺，高效采集技术也一样，在生产效率极大提高的同时，也引进了谐波干扰、邻炮干扰等噪声。本文将压制这些噪声的方法归为可控震源地震采集处理技术。

第二节　交替扫描采集方法

一、野外施工方法

在扫描信号参数一定的前提下，可控震源交替扫描生产效率是常规生产方式的 1.5～2 倍。交替扫描采集方法是指野外地震采集项目使用两组或两组以上可控震源作为激发源，当前一组可控震源在某一个激发点处于振动激发状态时，下一组可控震源移动到另外一个激发点位置并完成准备工作；当前一组可控震源完成振动激发并延续一定记录时间（听时间）后，下一组可控震源立刻开始振动作业。

一般情况下，不同组可控震源尽量采用相同的扫描信号，这样做的目的是尽量保持同一项目激发信号能量没有大的变化、同时尽量保持相关子波的一致性，从而满足后期资料保真、保幅处理的需求。不同组可控震源之间的距离要通过野外试验确定，基本原则是移动中的可控震源组产生的源致干扰对目的层反射的影响在可容忍的范围之内。投入多少组可控震源需要综合考虑项目的规模、施工效率以及成本效益等因素。交替扫描采集方法需要投入更多的地面采集仪器设备，投入采集仪器设备的多少同样需要考虑项目规模、施工效率以及成本因素。一般情况下，可控震源组数、采集仪器设备数量与项目规模成正比。理论上，交替扫描采集方法可以连续采集作业，但是受仪器设备以及可控震源自身状况、存储设备容量及数据传输率、观测系统类型等因素的限制，在一个或多个工作日内不可能做到连续不间断采集生产。交替扫描施工效率不仅受投入设备多少的限制，同时还受地形地物、扫描参数、设备状况等的影响。估算交替扫描的效率要综合考虑上述因素。

图 4-2 是一个二维地震勘探交替扫描采集方法野外生产示意图，采用 A、B 两组可控震源，每组两台线性组合。A 组可控震源在 i，$i+2$，$i+4$，$i+6$ 等奇数炮点位置激发扫描信号，B 组可控震源在 $i+1$，$i+3$，$i+5$，$i+7$ 等偶数炮点位置激发扫描信号。当 A 组可控震源在某一炮点激发扫描信号时，B 组可控震源移动到下一个炮点并完成准备工作。一旦 A 组可控震源结束放炮并延续一定记录时间（听时间）后，B 组可控震源立刻开始工作。

此时，A 组可控震源开始向下一炮点移动，并开始准备升压降板工作。当 B 组可控震源结束放炮并延续一定记录时间后，A 组可控震源立刻开始工作。循环上述放炮过程直到测线结束为止。两组可控震源使用同一条排列 j，$j+1$，$j+2$，$j+3$，$j+4$，$j+5$，$j+6$，$j+7$，……接收振动信号。每一组可控震源的启振时间必须精确记录，这一时间是单炮记录的 t_0 时间。

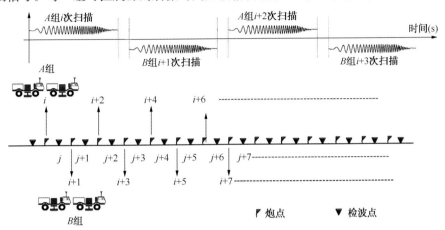

图 4-2　二维地震勘探交替扫描采集方法野外生产示意图

理想情况下，交替扫描方式放炮时间 t_s 只包含两部分，即

$$t_s = t_d + t_l \qquad (4-1)$$

式中：扫描时间 t_d 等于扫描长度，记录时间 t_l 为听时间。此时两组可控震源交替扫描起始时间差应等于扫描信号长度与记录时间之和。图 4-3a 是一个理想情况下交替扫描采集方法放炮时序示意图，$t_d = 16s$、$t_l = 6s$，平均每放一炮的时间是 22s。图 3-2 所示的常规生产平均每放一炮的时间为 52s。二者相比交替扫描在理想情况下平均每放一炮节约 30s，可见交替扫描的生产效率至少是常规生产的两倍以上。图 4-3b 中 $s'(t)$ 是连续交替扫描两炮时的振动记录，总长度是 44s，它与扫描长度为 16s 的扫描信号 $s(t)$ 做互相关运算，并把相关记录分别放到每组可控震源启振时间 t_0 位置，就可以得到对应于两个炮点的 6s 长的共炮点道集记录 $x(t)$。

二、国外实例分析

东方地球物理公司于 2005 年在利比亚 A、B 两个三维地震勘探区块使用了交替扫描采集方法，利用 74 天完成了 A 区块 31638 炮的生产任务，平均日效 428 炮/d，最高日效 775 炮/d；利用 36 天完成了 B 区块 20519 炮生产任务，平均日效 570 炮/d，最高日效 857 炮/d。作业队伍配备了两组（每组五台）SM26 可控震源。扫描方式采用线性升频扫描，扫描长度为 12s，记录长度为 5s。在生产初期，使用一组可控震源生产，另外一组可控震源备用。使用一组可控震源生产时平均日效为 336 炮/d，最高日效为 507 炮/d；使用两组可控震源交替生产时，平均日效为 575 炮/d，最高日效为 775 炮/d。剔除无法避免的客观因素，最终计算单组震源生产的平均日效为 374 炮/d，两组交替生产的平均日效为 627 炮/d，日效提高了近一倍。

两组可控震源交替扫描时，为避免可控震源源致干扰，采用了"大包干"（图 4-4a）

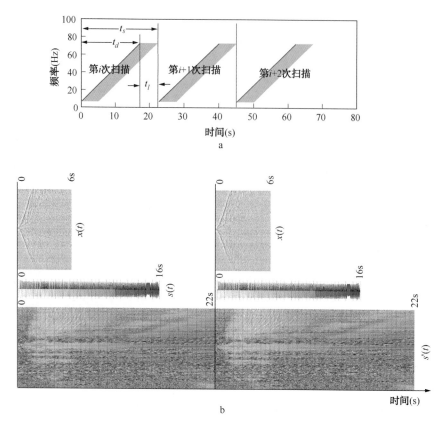

图4-3　可控震源地震勘探交替扫描采集方法放炮时序示意图（a）和
单炮分离处理方法示意图（b）

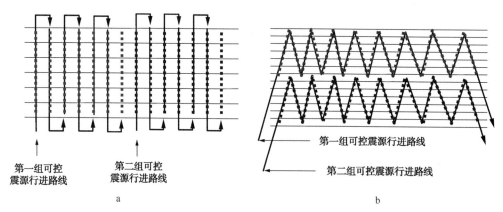

图4-4　a为采用两组可控震源"大包干"交替扫描采集方法示意图；b为采用两组
可控震源"分线束包干"交替扫描采集方法示意图（周如义，魏铁等，2008）

与"分线束包干"的作业方式（图4-4b）。所谓"大包干"交替扫描采集方法是指两组可
控震源分片包干炮点，例如第一组可控震源负责完成红色炮点的激发，第二组可控震源负
责完成蓝色炮点的激发，两组震源在两个区域内交替施工，"大包干"方式可以在同一束线
内分成红、蓝两色炮点。所谓"分线束包干"交替扫描方法是指两组可控震源分别承包一

束线内的所有炮点的激发，例如"Z"字形红色炮点位于某一束线内，这束线内的炮点由第一组可控震源完成；"Z"字形蓝色炮点位于另外一束线内，这束线内的炮点由第二组可控震源完成；交替扫描在两束线之间进行。当然，采用什么方式进行交替扫描必须根据地形情况以及观测系统类型确定。

三、国内实例分析

图4-5是笔者在2008年统计的国内三个盆地不同项目使用交替扫描与单套可控震源常规生产日效率对比分析图。不难看出，吐哈盆地、三塘湖盆地使用两套可控震源交替扫描方法，平均生产效率是使用单套可控震源常规生产效率的1.4倍，周期是单套常规生产的0.7倍；准噶尔盆地克拉玛依二次三维开发地震使用了三套可控震源交替扫描技术，生产效率是单套可控震源常规生产的2.6倍、周期是单套常规生产的0.4倍。效率的提高、生产周期的缩短直接使成本降低、效益增加。

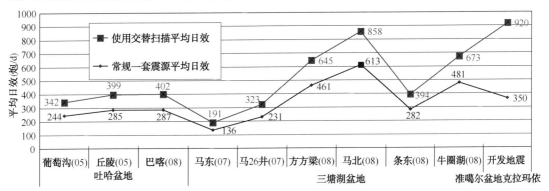

图4-5　国内三个盆地不同项目使用交替扫描与单套可控震源常规生产日效率对比分析图

"克拉玛依油田二次开发三维地震勘探"是新疆油田实现增储上产的关键性工程。项目设计满覆盖面积1130.5km²，共计241344炮。项目面临三个方面的挑战：（1）在施工组织方面，因为是老油田区，地面存在大量的油田设施（图4-6）且油田处于昼夜采油状态，因此要求工程快速而有序、不影响原油生产、减少油田设施带来的干扰；（2）地质任务要求高，勘探必须兼顾浅层200m、深层4000m之内所有目的层，要求分辨10m断距断层，预测5～10m厚的储层；（3）工程目标大，项目必须解决"重建地下认识体系、重构井网开

图4-6　工区内遍布油田公路、抽油机、电站等设施，工业干扰严重

发层系、重组地面工程系统"问题。为解决上述挑战，项目采用了三项技术措施：（1）采用小面元（12.5m×12.5m）、高密度地震勘探技术，解决高分辨率、高精度问题，同时能够压制油田区特殊干扰；（2）采用较宽频带（8～110Hz），进一步解决高分辨率的问题；（3）采用三组可控震源交替扫描高效采集技术，实现快速通过油田作业区、提高生产效率、减低作业成本、保证安全施工、减少对原油生产的影响。三组可控震源交替扫描平均日效达到920炮、最高日效达到1550炮，高效采集技术的应用保证了小面元、高密度方法的顺利实施。从图4-7新老剖面对比中不难看出，二次三维采集的新资料无论在信噪比还是在分辨率方面比老三维资料都有显著提高。

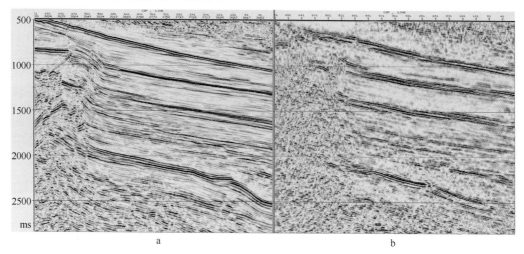

图4-7　二次三维采集的叠前时间偏移剖面（a）和老三维叠前时间偏移剖面（b）

国内使用交替扫描的项目还有2010年在塔里木盆地大宛齐油田的开发三维地震项目、塔里木盆地博孜三维地震项目和柴达木盆地雅布赖三维地震项目，平均日效分别为2053炮、1303炮和1200炮。这些项目实现了高效采集以及经济技术一体化的高密度地震勘探，资料品质都有显著提升。

第三节　滑动扫描采集方法

一、野外施工方法

在 H. Justus Rozemond（1996）发表的文章里第一次详细提出了滑动扫描（Slip - sweep）的概念及其潜在的商业价值，同时指出只有改进地震采集仪器的功能才能使用滑动扫描这种高效采集技术。Rozemond形容滑动扫描的理念"下一组震源在前一组震源没有完成扫描时就可以开始扫描作业（a vibrator group starts sweeping without waiting for the other group's sweep to be complelted）"是令人"不知所措"的。不难看出，滑动扫描与交替扫描的区别就在于用于滑动扫描的多组可控震源扫描作业时间可以相互重叠，而交替扫描则不能相互重叠。但是滑动扫描的时间重叠的长度是有要求的，若将两组震源开始振动时刻的时间间隔定义为滑动时间 t_h，那么滑动时间 t_h 应该不小于记录长度 t_l、不大于扫描

长度 t_d 与记录长度 t_l 的总和（$t_d + t_l$）。

　　这里以采用 A、B 两组可控震源施工的二维地震勘探为例，用图 4-8a 来描述滑动扫描野外采集方法。每组两台可控震源线性组合，A 组可控震源在 i，$i+2$，$i+4$，$i+6$ 等奇数炮点位置激发扫描信号，B 组可控震源在 $i+1$，$i+3$，$i+5$，$i+7$ 等偶数炮点位置激发扫描信号。不同于交替扫描的是，当 A 组可控震源在某一炮点激发扫描信号的同时，B 组可控震源移动到下一个炮点并在完成准备工作之后不用等待 A 组可控震源停止工作就可以开始扫描工作。同样每一组可控震源的启振时间必须精确记录，这一时间是单炮记录的 t_0 时间。同交替扫描一样，滑动扫描方法采用的扫描信号参数、扫描信号类型、可控震源组数等要综合考虑保真、保幅处理的要求，要考虑项目规模、生产效率与经济效益之间的关系。滑动扫描采用的扫描信号参数的选择要特别考虑压制谐波的需要。

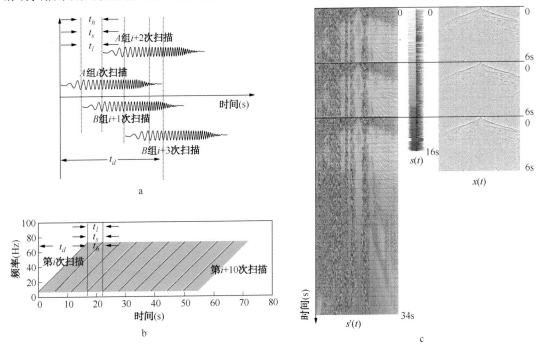

图 4-8　a 为时间域表示的滑动扫描采集方法激发过程示意图；b 为时—频域表示的滑动扫描采集方法激发过程示意图；c 为滑动扫描振动记录（母记录）与扫描信号互相关形成单炮记录示意图

　　假设滑动时间 t_h 与记录时间相等，那么在理想状况下滑动扫描的放炮时间 t_s 就等于记录时间 t_l（第一炮与最后一炮除外），即

$$t_s = t_l \tag{4-2}$$

　　图 4-8a，b 描述了扫描信号扫描长度 t_d、放炮时间 t_s、记录长度 t_l、滑动时间 t_h 之间的关系。图 4-8a 是时间域表示这几种时间关系的示意图，A、B 两组可控震源滑动扫描时滑动时间 t_h 与记录长度 t_l 相等；图 4-8b 是时—频域表示的滑动扫描采集方法示意图，两组可控震源滑动扫描十次，滑动时间 t_h 与记录时间 t_l、单炮生产时间 t_s 相等。从图 4-8a，b 可以看出，A、B 两组可控震源扫描时间彼此重叠，向大地传播的组合扫描信号是一个复杂的不间断的长扫描信号，这一信号是由 A、B 两组可控震源不间断激发的扫描信号叠加

而成，叠加扫描信号的长度等于第一组震源第一次振动开始到最后一组震源结束振动为止。叠加扫描信号经过大地的滤波返回到地面，被地面仪器记录得到一个包含地下地质信息的复杂的长的振动记录，又称母记录，如图 4-8c 中的 $s'(t)$。图 4-8 中扫描信号的扫描长度 t_d 为 16s、记录长度 t_l 为 6s、滑动时间 t_h 为 6s，那么图 4-8c 中的 $s'(t)$（母记录）长度为 34s（$16+6+6+6=34$，如图 4-8c），把 34s 长的母记录按照 t_0 剪裁成长度分别为 22s（$16+6=22$）的振动记录并分别与扫描信号 $s(t)$ 互相关运算，就得到三个长度为 6s 的共炮点道集记录。

比较公式（4-1）与公式（4-2），同时比较图 4-2、图 4-3 与图 4-8，不难看出，相同的扫描信号与记录长度，在理想状况下，滑动扫描放炮时间仅仅为 6s，而交替扫描的放炮时间为 22s，前者仅仅是后者时间的 27%，而前者的生产效率则是后者的 3.7 倍。从另外一个角度讲，滑动扫描生产效率虽然大幅度提高，但是振动记录包含了多个炮点扫描信号互相叠加后的信息，对于线性升频信号而言，母记录经过剪切并做互相关运算得到若干共炮点道集，后一个共炮点道集的谐波干扰往往位于前一个共炮点道集的有效反射范围内，从而降低了前一个共炮点道集的信噪比。

为进一步提高滑动扫描采集效率，从方便资料预处理的角度出发，每组可控震源一般采用相同的扫描信号（一般采用线性升频信号），滑动扫描要求采集仪器具有连续记录的功能，仪器与可控震源系统彼此间独立作业，且需统一采用 GPS 授时同步功能，要求精确记录每组可控震源启振时间 t_0。

二、滑动扫描中的谐波干扰

在前面章节中已经阐述了谐波产生的原因和谐波与基波互相关运算的基本特征。同时指出，可控震源常规生产时，由于可控震源在不同的炮点激发信号时彼此的扫描时间相互不重叠，因此可以通过使用线性升频扫描信号使相关后产生的谐波干扰置于相关子波负时间轴上，从而避免影响相关子波正时间轴上的有效反射信号。当然，使用线性升频扫描信号时，较深层波阻抗界面相关子波对应的谐波干扰可能出现在初至与该界面反射波之间，从而在一定程度上影响资料信噪比。回顾滑动扫描施工作业方法，如果采用线性升频扫描信号，尽管谐波干扰出现在单炮记录相关子波负时间轴上（对这一单炮记录有效信号的影响仅限于深层反射对应的谐波干扰的影响），但是相关后出现在单炮记录计时零线负时间方向的谐波干扰（与初至波、中浅层反射对应的谐波干扰）恰恰与前一炮记录计时零线正时间轴重叠，干扰了前一炮的有效反射信息，使前一单炮记录信噪比降低。

P. Pas（1996）根据 Seriff 和 Kim（1970）推导了谐波干扰在 $t-f$ 域的表达式，Julien Meunier 等（2001）在此基础上进一步给出了谐波干扰对有效波影响范围的量化公式。为了与本文物理量符号一致，笔者修改了量化公式，即

$$f_k = \left[\frac{k}{k-1} \frac{(F_H - F_L)}{t_d} (t_h - t_l) \right] \tag{4-3}$$

$$\theta_{\text{limk}} = t_h - \frac{k-1}{k} \times \frac{t_d \times F_H}{F_H - F_L} \tag{4-4}$$

公式（4-3）中，f_k 代表本炮第 k 次谐波影响上一个单炮记录瞬时频率下限，上一炮中小于该频率的信息不会受到本炮产生的第 k 次谐波的干扰。f_k 是扫描信号最高频率 F_H、最低

频率 F_L、扫描长度 t_d、滑动时间 t_h、记录时间（听时间或单炮记录长度）t_l 的函数。不受谐波干扰的频率范围为 $F_L \leqslant f \leqslant f_k$。公式（4-4）中，$\theta_{\text{lim}k}$ 代表某一时刻，上一单炮中大于该时刻的信息会受到本炮第 k 次谐波的影响。对于具有双程旅行时为 t_0 的某一反射波同相轴 R，f_k、$\theta_{\text{lim}k}$ 的表达式为

$$f_k^R = f_k \left(\frac{t_h - t_l + t_0}{t_h - t_l} \right) \tag{4-5}$$

$$\theta_{\text{lim}k}^R = \theta_{\text{lim}k} + t_0 \tag{4-6}$$

图 4-9a，b 描述了滑动扫描谐波干扰对有效波的影响。图中采用 $10\sim 80\text{Hz}$ 线性升频扫描信号，扫描长度 $t_d = 18\text{s}$，滑动时间 $t_h = 8\text{s}$，记录时间 $t_l = 6\text{s}$，采用三组可控震源滑动扫描作业方式。图 4-9a 是基波信号以及二次、三次、四次谐波与基波相关前时一频域显示示意图，其中 F_{11}、F_{21}、F_{31} 分别代表三组可控震源基波信号（红色）时一频图；H_{12}、H_{22}、H_{32} 分别代表三组可控震源二次谐波信号（蓝色）时一频图；H_{13}、H_{23}、H_{33} 分别代表三组可控震源三次谐波信号（绿色）时一频图；H_{14}、H_{24}、H_{34} 分别代表三组可控震源四次谐波信号（黄色）时一频图。图 4-9a 表明，在滑动扫描相关前的振动记录中，当滑动时

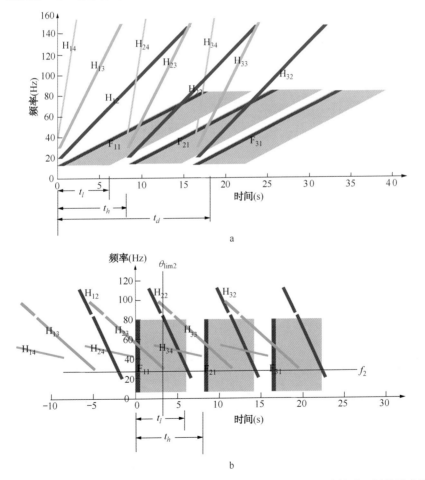

图 4-9　a 为基波信号、二次谐波、三次谐波、四次谐波与基波相关前时一频域示意图；
b 为基波信号、二次谐波、三次谐波、四次谐波与基波相关后时一频域示意图

间 t_h 大于记录时间 t_l 且小于扫描长度 t_d 时，第一组、第二组、第三组可控震源的基波信号、谐波信号经过大地滤波后各自形成的振动信号互相交织在一起，形成一个极为复杂的振动记录。图 4-9b 是基波信号以及二次、三次、四次谐波与基波信号相关后的时—频域示意图，谐波次数越高，影响上一炮记录的频率越高、影响的目的层越浅（影响的时间越小）；理论与实践证明，二次谐波的能量最强，对地震记录影响最大。根据公式（4-3）、公式（4-4），可以计算得到二次谐波影响的范围：单炮记录中不小于 46.6Hz 的有效信号以及双程旅行时间大于 2.3s 的有效信号都要受到二次谐波的影响，图 4-9b 中 f_2 及 θ_{lim2} 限定了第二炮第二次谐波对第一炮影响的范围。从图 4-9b 中还可以看到，当滑动时间增大时，谐波干扰对单炮记录的干扰变弱，当滑动时间大于或等于扫描信号长度与记录时间之和时，谐波不会影响上一炮记录。

初至波二次谐波干扰能量比反射波谐波干扰的能量强、对有效波的污染大，主要原因是初至波自身能量强于反射波。近炮检距初至波二次谐波干扰对有效波的污染强于远炮检距初至波二次谐波干扰，原因在于近炮检距初至波能量、近炮检距初至波二次谐波能量强于远炮检距初至波及其二次谐波的能量；另一方面，远炮检距初至波二次谐波一般出现在上一炮记录长度范围之外、本炮初至波之前。

下面通过合成记录定量分析谐波振幅与产生谐波的信号振幅之间的关系。采集方法采用两组震源滑动扫描一次的方式，这里假设地下反射系数序列分别为 $R_1(1, 0.2, 0.1)$、$R_2(1, 0.08, 0.04)$、$R_3(1, 0.02, 0.01)$。两组可控震源滑动扫描地面力信号分别与三组反射系数序列褶积后再与扫描信号互相关运算得到三个互相关地震记录道及其时频域图形，

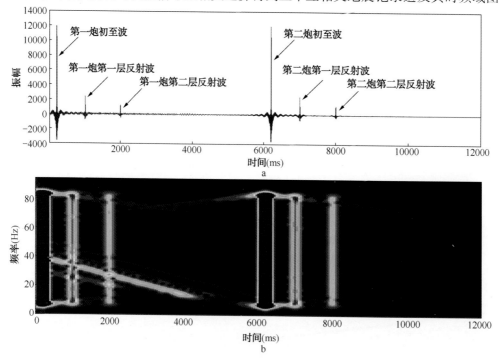

图 4-10　a 为 R_1 对应的两组可控震源两个炮点相关地震记录道；b 为 R_1
对应的两组可控震源两个炮点相关地震记录道时频域显示图
0～6000ms 为第一炮相关地震记录道，6000～12000ms 为第二炮相关地震记录道

第一道对应图4-10a，b，第二道对应图4-11a，b，第三道对应图4-12a，b。分析这三组图可以看出，图4-10与图4-11中第一炮虽然受到了第二炮的谐波干扰，但是初至波和两个反射波波形还是能够分辨出来的，不影响有效波的波形识别。在图4-12中，当分别代表初至及反射波的反射系数比值达到50倍时，反射信号基本不能识别出来了；当它们之比达到100倍时，反射信号完全淹没在谐波干扰中了，不能被识别出来。可见，在压制谐波干扰过程中，并非所有的道都需要进行谐波压制。随着炮检距的加大，初至波的能量越来越弱，初至波所带来的谐波干扰的能量相对也会较弱，所以在谐波压制过程中只需要对近偏移距的道进行谐波压制，远偏移距道就不需要进行压制。在滑动扫描采用线性升频信号时，虽然深层反射所带来的谐波对浅层也有影响，但是深层反射自身能量弱、谐波干扰能量也弱，往往可以忽略它的影响。

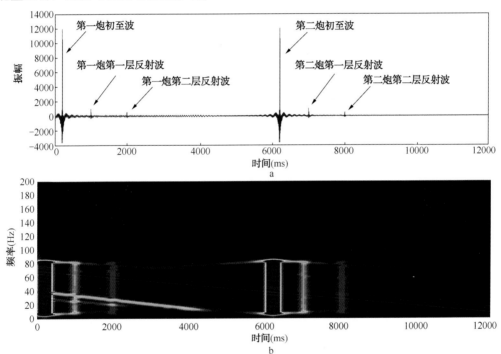

图4-11   a为R_2对应的两组可控震源两个炮点的相关地震记录道；b为R_2
对应的两组可控震源两个炮点的相关地震记录道时频域显示图
0~6000ms为第一炮相关地震记录道，6000~12000ms为第二炮相关地震记录道

图4-13a是两组可控震源使用线性升频扫描信号采用滑动扫描方式得到的第一组可控震源对应的单炮记录，可以看到红色三角形内存在第二组震源扫描时产生的谐波干扰；图4-13b是第二组可控震源单炮记录计时零线负时间轴上的谐波干扰，主要由初至波及中浅层反射波对应的谐波干扰组成（红色三角形）；图4-13c的单炮记录是与记录a位于同一位置使用一组可控震源采用常规生产得到的单炮记录，深层反射谐波干扰对单炮记录的影响不明显。图4-13a的单炮记录相当于由图4-13b与图4-13c单炮叠加而形成。

三、谐波压制方法

谐波干扰对于可控震源地震资料信噪比、分辨率的影响有多大是值得探讨的问题。H.

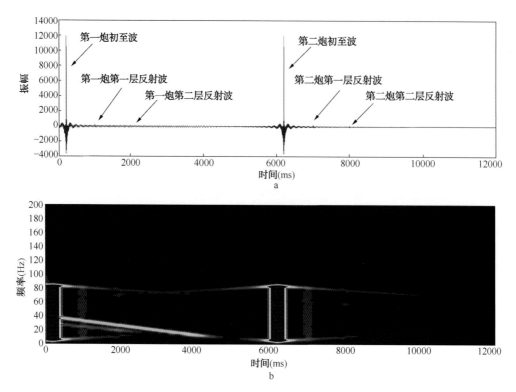

图4-12　a为R_3对应的两组可控震源两个炮点相关地震记录道；b为R_3
对应的两组可控震源两个炮点相关地震记录道时频域显示图

0～6000ms为第一炮相关地震记录道，6000～12000ms为第二炮相关地震记录道

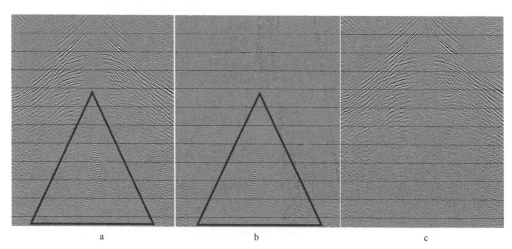

图4-13　带谐波干扰的单炮记录（a）和谐波干扰（b），以及不带谐波干扰的单炮记录（c）

Justus Rozemond（1996）认为，谐波干扰尽管影响单炮记录中深层资料信噪比，但是不影响地震剖面的信噪比与分辨率。笔者认为，随着对高效生产以及高收益的追求，滑动扫描采用的滑动时间越来越小，甚至与记录时间（听时间或单炮/剖面记录长度）相等，由公式（4-3）、公式（4-4）和图4-9反映的谐波干扰的特征可见，滑动时间变小，意味着谐波

干扰对上一炮记录影响的频带变宽，影响的时间范围变大，谐波干扰必须得到压制。压制谐波的方法很多，归纳起来包括两大类，一类是通过设计合理的扫描信号参数实现压制谐波干扰的目的，第二类是通过数字滤波技术压制谐波干扰。当然，在生产中可控震源之间距离足够大，也可以避免谐波干扰，这是生产组织问题，下面不做介绍。

从公式（4-3）和公式（4-4）可以得到最直观的方法：缩小扫描长度、增大滑动时间、增加扫描频带宽度都会使谐波干扰影响的时间深度变大，频率变高，从而减弱对前一炮记录的干扰。图4-14表明，滑动时间由7s增加到12s，谐波干扰（红色三角内）出现时间由2.5s延迟到3.5s。

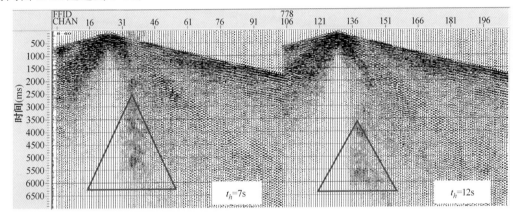

图4-14 携带谐波干扰的单炮记录随滑动时间t_h的增大谐波干扰出现的时间变晚

曹务祥（2004）介绍了组合扫描压制谐波畸变的方法，通过把长扫描信号分成若干段，从而改变每段的扫描宽度达到压制谐波的目的。该方法适合于常规扫描本炮谐波的压制。另一种直观压制谐波的方法是采用变相位扫描技术（相位移动技术、旋转相位技术），扫描信号一个$\Delta\Phi$初始相位的变化，将导致k阶谐波在相位发生$k\Delta\Phi$的变化。根据扫描信号的这一相位变化特点，在同一物理点扫描多次，每次扫描信号的初始相位按照一定的规则发生变化，最后使得谐波在相关求和中消除。笔者认为，变相位扫描在一定程度上起到了压制谐波的作用，但是由于不同震次之间震源底板与大地的耦合条件不断改变，各次扫描向地下输入的能量不同，压制谐波的效果往往不好。Kenneth（1995）获得串联扫描美国专利，串联扫描要求可控震源采用n段不同起始相位的扫描信号连续扫描作业，相关则采用$(n-1)$段扫描信号，从而可以压制谐波干扰。

近年来，多种利用数字滤波技术压制谐波干扰的方法不断出现。X. P. Li（1994）针对线性扫描信号提出了纯相移滤波法（PPSF）压制谐波干扰。这种方法定义一个k次谐波，只需要利用k次谐波的相位谱设计一个纯相移滤波器，就可以进行滤波处理。其他数字滤波技术还有Rainer Moerig（2007）的专利技术"相关后谐波压制技术"、Clarles Sicking（2009）的"相关记录谐波压制方法"、Li等（2009）力信号反褶积方法，以及Cao Wux-iang（2010）的"利用力信号压制谐波方法"、F. D. Martin（2010）的谐波预测技术。F. D. Martin的谐波预测技术是从扫描信号参数出发，根据谐波与基波关系式合成第k次谐波，把野外得到的相关后记录做反相关处理，得到振动记录。把第k次谐波与反相关的振动记录做互相关处理，可以获得预测的第k次谐波产生的谐波噪声。用野外得到的相关记录与预测的谐波噪声相减就消除了第 k 次谐波产生的谐波噪声。这种方法不需要记录每一炮的地面力信号。

我们使用纯相移滤波法处理实际资料，得到了比较好的处理效果。图 4-15a 是不使用滑动扫描获得的单炮记录，不含谐波干扰；图 4-15b 是使用滑动扫描得到的单炮记录，可以看到谐波干扰（红色三角形圈定的位置）比较严重；图 4-15c 是利用纯相移滤波法去谐波后的单炮记录，同图 4-15a 单炮记录比较，谐波去除效果较好；图 4-15d 是去除的谐波。图 4-16a 是滑动扫描相关前含谐波干扰比较严重地震道的时频显示，可以看到第二炮、第三炮的二次、三次谐波能量很强；图 4-16b 是利用纯相移滤波法去除谐波后的时频显示，可见第二炮、第三炮的二次、三次谐波干扰能量被压制；图 4-16c 是压制掉的谐波干扰时频谱。图 4-17a 是去谐波前的纯波叠加剖面，其中谐波干扰对深层影响较大；图 4-17b 是利用纯相移滤波法去除谐波后的纯波叠加剖面，基本消除了谐波干扰对深层的影响。实践证明，纯相移滤波法能够有效压制谐波干扰，这种方法的原理在 X. P. Li（1994）的论文中有详细的论述，本书不做进一步介绍。

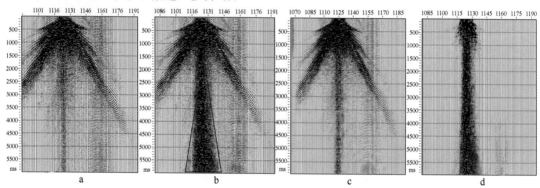

图 4-15　a 为常规扫描单炮记录；b 为滑动扫描含谐波干扰的单炮记录；
c 为去谐波干扰后的单炮记录；d 为去除掉的谐波干扰

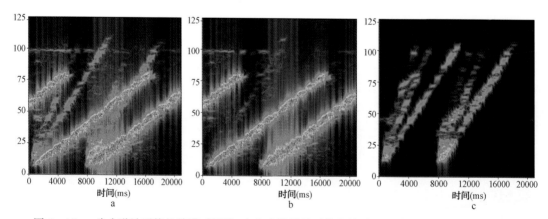

图 4-16　a 为含谐波干扰的单道时频谱；b 为去除谐波干扰的单道时频谱；c 为谐波干扰时频谱

本文重点介绍使用地面力信号滤波法基本原理。随着可控震源系统本身技术的发展，使记录每一炮点位置的地面力信号成为简单可行的事情，使用地面力信号的谐波滤波法更能快速、有效压制谐波。利用地面力信号可以在时—频域分离基波与谐波，利用基波与谐

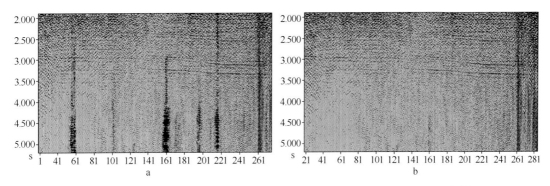

图 4-17　a 为含谐波干扰的纯波叠加剖面；b 为去除谐波干扰后的纯波叠加剖面

波就可以设计滤波器并与滑动扫描相关地震记录褶积运算获得谐波干扰，在相关地震记录中减去下一炮的谐波干扰就达到了压制谐波干扰的目的。这里假设第 i 炮地面力信号为 $G_i(t)$，则有

$$G_i(t) = F_i(t) + \sum_{k=2}^{m} H_{ik}(t) \qquad (4-7)$$

公式（4-7）的频率域表达式为

$$G_i(f) = F_i(f) + \sum_{k=2}^{m} H_{ik}(f) \qquad (4-8)$$

式中：$G_i(t)$、$G_i(f)$ 分别代表时间域、频率域第 i 炮地面力信号；$F_i(t)$、$F_i(f)$ 分别代表时间域、频率域第 i 炮基波信号；$H_{ik}(t)$、$H_{ik}(f)$ 分别代表时间域、频率域第 i 炮第 k 次谐波，$i \geqslant 2$、$k \geqslant 2$ 且为正整数。

滑动扫描施工时，第 i 炮地面力信号与地下波阻抗界面脉冲响应褶积运算就得到滑动扫描第 i 炮振动记录。在频率域表达式为

$$X'_i(f) = \sum_{j=1}^{n} G_i(f) R_j(f) \qquad (4-9)$$

把公式（4-8）代入公式（4-9）得到

$$X'_i(f) = \sum_{j=1}^{n} F_i(f) R_j(f) + \sum_{k=2}^{m} \left[\sum_{j=1}^{n} H_{ik}(f) R_j(f) \right] \qquad (4-10)$$

式中：$X'_i(f)$ 代表第 i 炮频率域振动记录；$R_j(f)$ 代表地下第 j 个波阻抗界面频率域脉冲响应（$j \geqslant 2$，且为整数）。

振动记录与扫描信号互相关运算就得到第 i 炮地震单炮记录（含单炮记录计时零线负方向数据），这一过程在频率域的表达式为

$$X_i(f) = X'_i(f) S(-f) \qquad (4-11)$$

把公式（4-9）代入公式（4-11）得到

$$X_i(f) = \sum_{j=1}^{n} G_i(f) R_j(f) S(-f) \qquad (4-12)$$

根据公式（4-10）、公式（4-11），可以把公式（4-12）进一步展开得到

$$X_i(f) = \sum_{j=1}^{n} F_i(f) R_j(f) S(-f) + \sum_{j=1}^{n} \left[\sum_{k=2}^{m} H_{ik}(f) R_j(f) S(-f) \right] \qquad (4-13)$$

式中：$X_i(f)$ 代表第 i 炮频率域可控震源互相关单炮记录；$S(f)$ 代表滑动扫描采用的频率域扫描信号。公式（4－13）中等号右边第一项为滑动扫描第 i 炮单炮记录上的有效反射信息，第二项为滑动扫描第 i 炮单炮计时零线负方向的谐波干扰，它污染了滑动扫描第 $i-1$ 炮单炮记录计时零线正方向的有效信号。

可以把公式（4－12）、公式（4－13）简化处理成

$$X(f) = G(f)R(f)S(-f) \tag{4-14}$$

$$X(f) = F(f)R(f)S(-f) + H(f)R(f)S(-f) \tag{4-15}$$

式中：$X(f)$、$G(f)$、$R(f)$、$F(f)$、$H(f)$、$S(-f)$ 分别代表频率域地震记录道、地面力信号、波阻抗界面脉冲响应、基波信号、谐波信号，以及扫描信号。这里已知 $X(f)$、$S(-f)$，$G(f)$ 可以通过野外相关运算或由传感器记录获得，且 $F(f)$、$H(f)$ 可以通过 $G(f)$ 在时—频域分离获得。根据公式（4－14）就可以得到

$$R(f) = \frac{X(f)}{G(f)S(-f)} \tag{4-16}$$

公式（4－16）代入公式（4－15）等号右边第二项就可以得到

$$X_h(f) = \frac{X(f)H(f)S(-f)}{G(f)S(-f)} \tag{4-17}$$

式中：$X_h(f)$ 代表地震记录计时零线负方向的谐波干扰。公式（4－17）中，$H(f)S(-f)$ 用 r_{hs} 表示；$G(f)S(-f)$ 用 r_{gs} 表示。那么公式（4－17）简化为

$$X_h(f) = \frac{r_{hs}(f)}{r_{gs}(f)} X(f) = C(f)X(f) \tag{4-18}$$

式中：$C(f) = r_{hs}(f)/r_{gs}(f)$；$C(f)$ 就是滤波器。在设计出滤波器后，选定滑动扫描的最后一炮，将滤波器与选定炮的每一道进行运算就能够得到选定炮对上一炮的谐波干扰，然后将计算得到的谐波干扰从相应炮中减去就能达到谐波压制的目的。每一炮都需计算出一个滤波器，然后将它应用到该炮所有道上。通常情况下是从最后一炮做起，原因是在升频扫描中，最后一炮没有谐波干扰，从最后一炮起逐次往前进行谐波压制。

下面通过正演模拟证明方法的有效性。假设地下有三个脉冲响应，分别对应初至以及两个波阻抗界面。扫描信号采用扫描长度为24s、6~84Hz线性升频扫描信号，记录长度为6s。考虑到谐波干扰主要以二次谐波干扰、三次谐波干扰为主，同时为了简化问题，这里假设地面力信号仅仅包含基波、二次谐波、三次谐波。图4－18是理论模拟的地面力信号时频谱，其中包含基波信号 F、二次谐波 H_2、三次谐波 H_3，谐波的起止频率分别是12Hz、18Hz。分析三组可控震源滑动扫描的情况，滑动时间与记录时间都等于6s；图4－19是三组可控震源滑动扫描时，三组地面力信号与三个脉冲响应褶积后得到的复杂振动记录时频谱，其中 F_{11}、F_{21}、F_{31} 分别代表第一炮、第二炮、第三炮初至波对应的基波信号；H_{12}、H_{22}、H_{32} 分别代表第一炮、第二炮、第三炮初至对应的二次谐波干扰；H_{13}、H_{23}、H_{33} 分别代表第一炮、第二炮、第三炮初至对应的三次谐波干扰。可以看到第二炮的二次谐波干扰、三次谐波干扰与第一炮的基波信号交织在一起，降低了第一炮有效信号的信噪比；第三炮的二次谐波干扰、三次谐波干扰与第二炮的基波信号交织在一起，降低了第二炮有效信号的信噪比；第三炮是滑动扫描的最后一炮，它的基波信号没有受到污染。

把褶积得到的理论振动记录（母记录）裁剪后与扫描信号做互相关运算，分别得到第

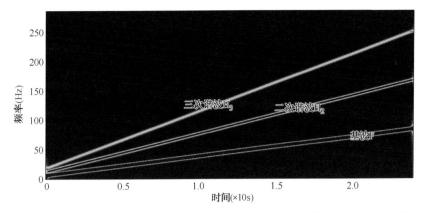

图 4 - 18   理论模拟的地面力信号时频谱：包括基波 F、二次谐波 H_2、三次谐波 H_3

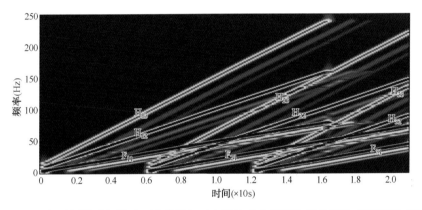

图 4 - 19   三组震源滑动扫描地面力信号与三个脉冲响应褶积的振动信号（母记录）时频谱

一炮、第二炮、第三炮对应的相关地震记录道图 4 - 20a，b，c，可以看到，第一炮背景噪声最严重、信噪比最低，第二炮背景噪声较重、第三炮背景噪声干扰不明显。对图 4 - 20a，b，c 的地震道做时—频域变换，分别得到对应第一炮、第二炮、第三炮地震道的时频图 4 - 21a，b，c。从图 4 - 21a 可以看到，第一炮地震道的背景噪声主要是来自第二炮、第三炮初至波的二次、三次谐波干扰以及深层反射界面反射波的二次、三次谐波干扰，其中初至波谐波干扰能量最强，是主要干扰源；从图 4 - 21b 可以看到，第二炮地震道的背景噪声主要是来自第三炮初至波的二次、三次谐波干扰以及深层自反射界面反射波的二次、三次谐波干扰，同样初至波谐波干扰能量最强，是主要干扰源；从图 4 - 21c 可以看到，第三炮地震道仅仅受到自身深层反射界面反射波的谐波干扰，但是能量非常微弱。第一炮、第二炮地震道受自身深层反射界面反射波的谐波影响也非常小。

从地面力信号分离出的二次、三次谐波，就可以设计出公式（4 - 18）定义的滤波器，利用设计出来的滤波器与第三炮对应的相关地震记录做褶积处理，就可以计算出第三炮对第一炮、第二炮相关地震记录道的谐波干扰。图 4 - 22a，b 分别是去除第三炮谐波干扰的第一炮相关地震记录道、第二炮相关地震记录道，为便于对比，把第三炮相关地震记录道也放在图 4 - 22c 中。比较图 4 - 20a，图 4 - 22a，去除第三炮谐波干扰后第一炮相关地震记录道的背景噪声明显减弱；比较图 4 - 20b，图 4 - 22b，去除第三炮谐波干扰后第二炮相关

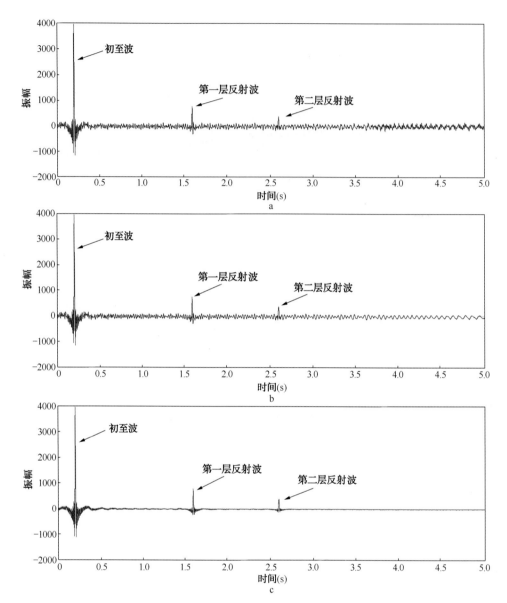

图 4-20　a 为第一炮相关地震记录道；b 为第二炮相关地震记录道；c 为第三炮相关地震记录道

地震记录道的背景噪声基本消失。

图 4-23a，b，c 分别是图 4-22a，b，c 所示相关地震记录道对应的时频谱。时频谱更能清楚地反映出压制第三炮谐波干扰后第二炮、第一炮相关地震道的情况，第二炮地震记录道的谐波干扰得到很好的压制，第一炮中基本消除了第三炮的谐波干扰的影响。

同样，利用上面的过程，可以计算第二炮的谐波干扰，从第一炮中减掉第二炮的谐波干扰，就可以压制第二炮谐波干扰对第一炮的影响，如图 4-24a，b，c 及图 4-25a，b，c，分别对应第一、第二、第三炮的相关地震记录道及其时频谱。图 4-24a 及图 4-25a 与图 4-20a、图 4-21a 对比可见，第一炮相关地震记录道背景噪声（第二炮的谐波干扰）受到较好的压制。

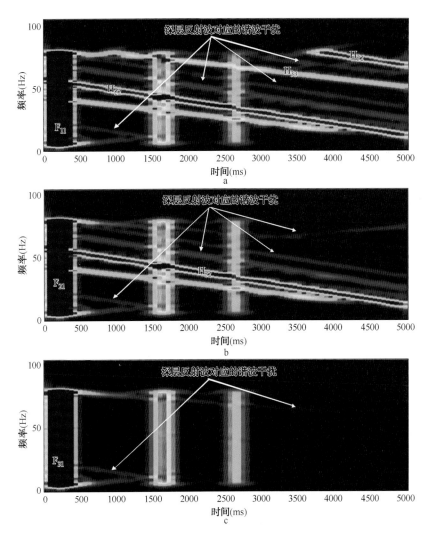

图 4-21   a 为第一炮相关地震记录道时频谱；b 为第二炮相关地震记录道时频谱；
c 为第三炮相关地震记录道时频谱

　　正演模型表明，利用地面力信号设计滤波算子、计算谐波干扰从而压制谐波干扰的方法是可行的。由于是在相关后记录上实现这一过程，因此，该方法的效率也是很高的。

　　我们在新疆吐哈盆地可控震源三维地震勘探项目中采集了点试验数据来进一步研究谐波干扰对有效信号的影响，以及验证上述方法压制谐波的效果。可控震源点试验采集方案如下：采用的扫描信号为线性升频扫描信号，扫描长度为 14s，记录长度为 6s，扫描信号起止频率为 6~84Hz。由于是三维地震勘探项目，因此使用多条排列接收点试验数据，另外要求野外生产过程中记录每个炮点激发时的地面力信号。试验时使用一组可控震源分别依次在相邻的两个炮点放炮，单独记录每个炮点放炮时产生的振动记录（图 4-26、图 4-27）。由于这两张振动记录是单独采集并分别记录的，激发时采用的是线性升频扫描信号，因此振动记录与扫描信号互相关计算后可以得到不含谐波干扰的单炮记录（图 4-30：第一个炮点对应的单炮记录）。把第一张单独记录的振动记录（图 4-26）计时线 6s 作为起始零线，

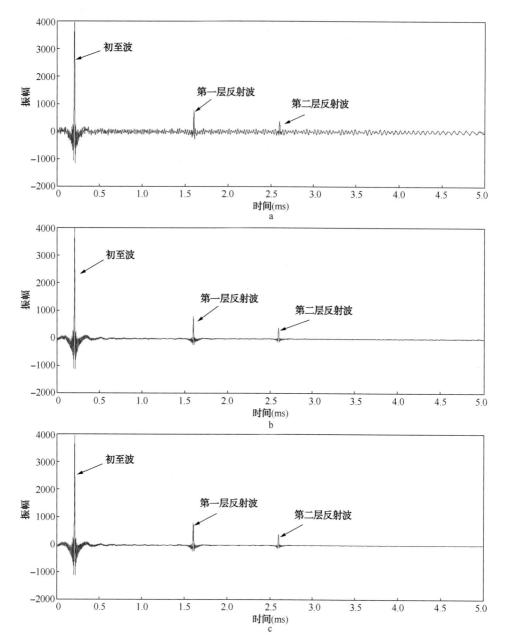

图 4 - 22　a 为去除第三炮谐波干扰后的第一炮相关地震记录道；b 为去除第三炮谐波
干扰后的第二炮相关地震记录道；c 为第三炮相关地震记录道

把第二张单独记录的振动记录（图 4 - 27）叠加到第一张振动记录中去，就合成一张相邻炮点采用滑动时间为 6s 的滑动扫描振动记录。把合成的振动记录按照固定时间（固定时间等于扫描长度与记录长度之和，这里是 20s）剪裁成两张振动记录（图 4 - 28、图 4 - 29），裁剪得到的振动记录与扫描信号互相关运算，就可以获得含第二个炮点谐波干扰的第一个炮点对应的单炮记录（图 4 - 31）。利用前面阐述的压制谐波的方法处理图 4 - 31 的单炮记录，可以获得压制谐波后的第一个炮点对应的单炮记录（图 4 - 32）。对比图 4 - 31 与图 4 - 32 两张

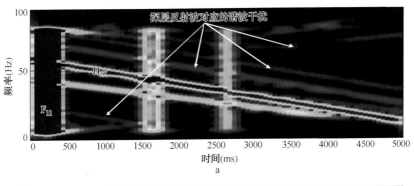

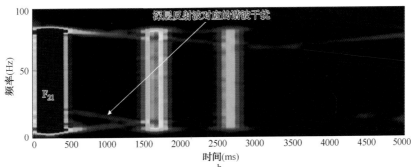

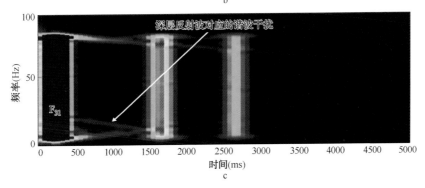

图 4-23 a 为去除第三炮谐波干扰后第一炮相关地震记录道时频谱；b 为去除第三炮
谐波干扰后第二炮相关地震记录道时频谱；c 为第三炮相关地震记录道时频谱

单炮记录不难发现，图 4-31 的单炮记录上大部分谐波干扰受到了很好的压制（图 4-33），仅有少部分残留在图 4-32 单炮记录上，但是残留的谐波干扰是微弱的。对比图 4-30 与图 4-32 两张单炮记录也能得到同样的认识与结论，说明上面阐述的谐波压制方法是行之有效的。

四、国外实例分析

早在 2003 年，东方地球物理公司在中东地区就开展了滑动扫描与单组可控震源常规作业对比试验工作，并于 2004 年开始承担阿曼 PDO 公司的滑动扫描采集项目，当时采用滑动扫描的生产效率是单组可控震源常规采集生产效率的 120%。东方地球物理公司的周大同、周恒等（2008）详细介绍了滑动扫描施工效率的计算方法，认为影响可控震源施工效率的因素包括观测系统类型（二维、三维）、设备配备（单套或多套可控震源以及满足不间

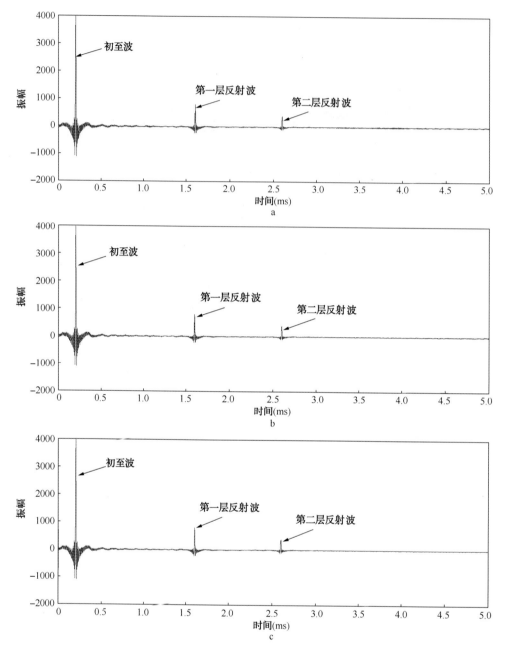

图 4-24 a 为去除第三炮、第二炮谐波干扰后的第一炮相关地震记录道；b 为去除第三炮谐波干扰后的第二炮相关地震记录道；c 为第三炮相关地震记录道

断采集的记录设备）、震源参数（台数、振次、扫描信号参数等）、日工作时间，以及地表通过性五个因素。他们根据利比亚不同区块的特点，建立了计算施工效率的模型：按照工区特点分别赋予五个因素不同的难度系数，从而估算施工效率。笔者认为，计算施工效率的模型中"道炮比"的概念很重要，一个工作日内需要滚动的道数与该工作日内预期的放炮数之比，就是道炮比，只有滚动的道数与预期的放炮数相匹配，才不会因为等待排列滚

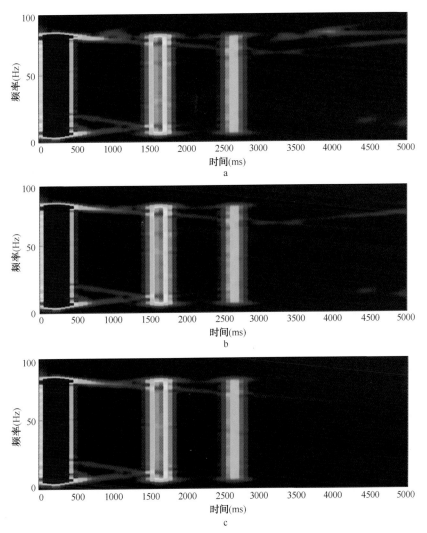

图 4 - 25　a 为去除第三炮、第二炮谐波干扰后的第一炮相关地震记录道时频谱；b 为去除
第三炮谐波干扰后的第二炮相关地震记录道时频谱；c 为第三炮相关地震记录道时频谱

动而造成可控震源暂停施工。图 4 - 34 是东方地球物理公司在北非、中东地区采用滑动扫描（少部分项目采用交替扫描技术）日效统计图（粉色折线），滑动扫描采集技术同单台可控震源常规扫描相比，施工效率平均是常规的 220%、周期是常规生产的 0.45 倍。

　　利用力信号滤波法压制北非某项目可控震源滑动扫描互相关地震记录上的谐波干扰也取得了良好效果。注意在野外施工中，需要记录每一炮的地面力信号（图 4 - 35a）。把地面力信号首先分解成基波（图 4 - 35b）与谐波（图 4 - 35c），利用基波、谐波设计滤波算子（图 4 - 35d），并与扫描信号相乘，就可形成谐波干扰记录（图 4 - 36b）。把谐波干扰（图 4 - 36b）从滑动扫描相关地震记录（图 4 - 36a）中减去，就得到压制谐波干扰后的单炮记录（图 4 - 36c）。对比可见，谐波压制的效果较好。图 4 - 37a 和图 4 - 37b 是第 4015 道谐波压制前后的对比，可以看到大部分的谐波能量已经被压制了。从对应的时频谱图 4 - 37c 和图 4 - 37d 上看，压制效果更加明显。

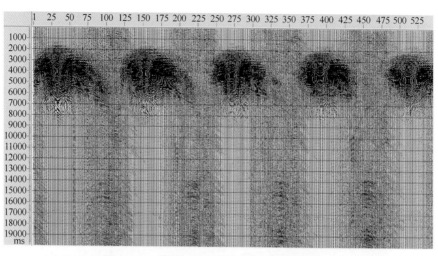

图 4 - 26　单独记录的第一个炮点的振动记录

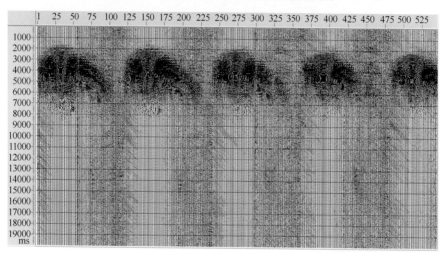

图 4 - 27　单独记录的第二个炮点的振动记录

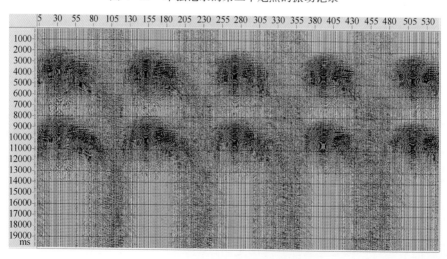

图 4 - 28　合成的第一个炮点的振动记录

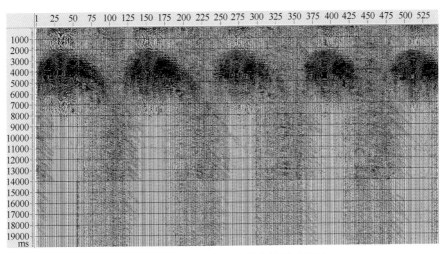

图 4 - 29　合成的第二个炮点的振动记录

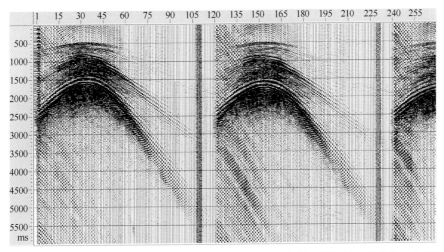

图 4 - 30　单独记录的振动记录与扫描信号互相关后第一个炮点的地震记录（不含第二炮谐波干扰）

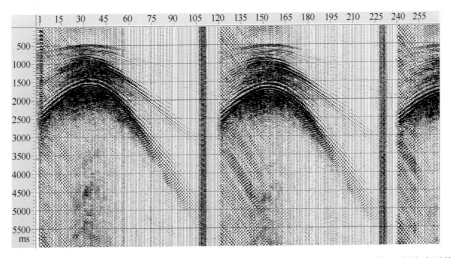

图 4 - 31　合成的振动记录与扫描信号互相关后第一个炮点的地震记录（含第二炮谐波干扰）

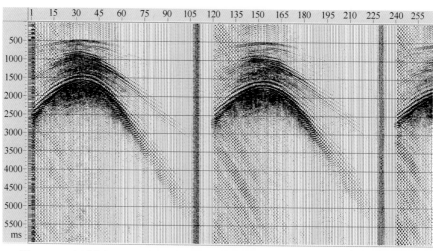

图4-32 压制图4-31单炮记录谐波干扰后的单炮记录（大部分谐波被压制）

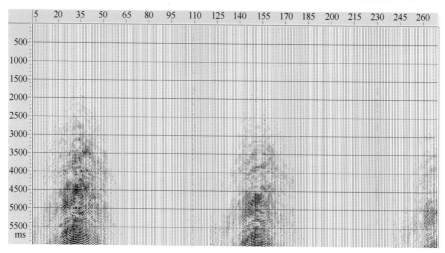

图4-33 去除的谐波干扰

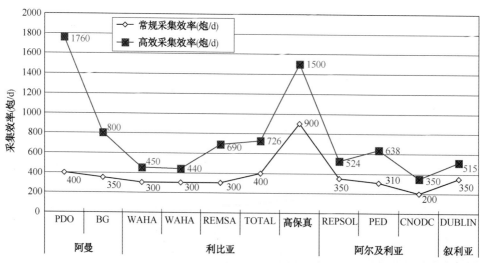

图4-34 滑动扫描施工效率（粉色折线）、单台可控震源常规施工效率（蓝色折线）

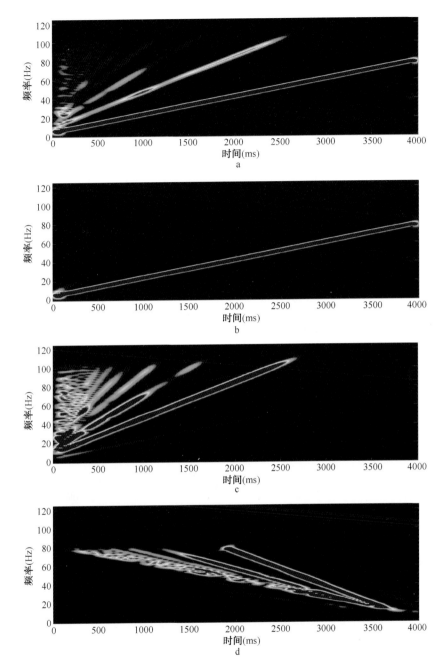

图 4-35　a 为时频域地面力信号；b 为时频域基波信号；
c 为时频域谐波信号；d 为时频域滤波算子

五、国内实例分析

国内开展滑动扫描试验较晚，2011 年第一个可控震源滑动扫描三维地震试验项目在新疆吐哈盆地展开，地表为平坦的戈壁滩（图 4-38a），地表条件有利于可控震源快速移动。观测系统采用 60 线 120 道 180 炮，中间放炮，最高覆盖次数为 900 次；项目满覆盖面积为

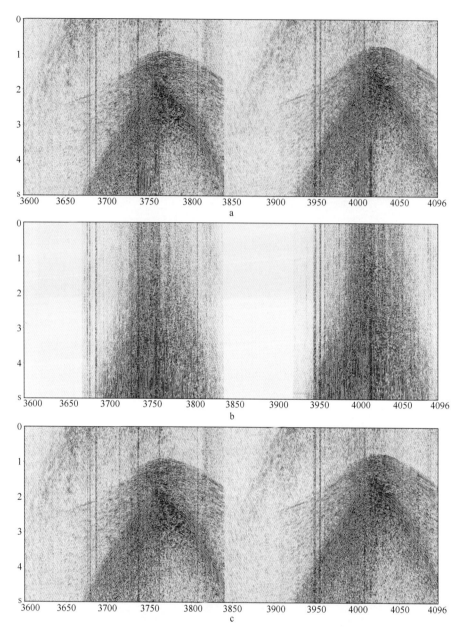

图 4-36　a 为含有下一炮谐波干扰的单炮记录；b 为谐波干扰；
c 为压制谐波干扰后的单炮记录

20.7km²，设计炮数 16200 炮（图 4-38b）。2011 年 7 月 1 日 0 时 50 分开始采集，截至 7 月 5 日 1 时 22 分完成野外采集，因下雨停工 15h53min，记录数据的 NAS 盘故障 62min，野外有效采集 79h36min，共完成 15288 炮，平均时效为 192 炮/h，最高时效为 326 炮/h，平均每分钟完成 3.2 炮，平均日效为 4604 炮/d，最高日效为 5136 炮/d，创造了当时国内地震勘探日平均生产效率的新高。采用 8 组可控震源滑动扫描作业（图 4-38a），每组震源采用一台可控震源施工，其中第一组（台）与第二组（台）、第三组（台）与第四组（台）、第五组（台）与第六组（台）、第七组（台）与第八组（台）分别相向滑动扫描。扫描信号

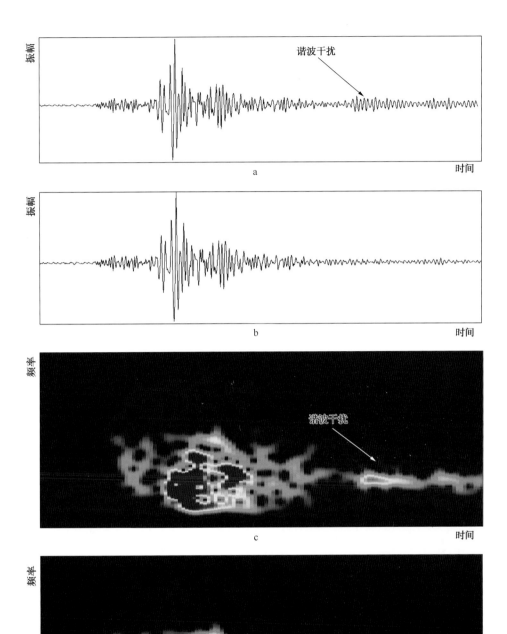

图 4-37 a 为含有下一炮谐波干扰的单道记录；b 为压制谐波干扰后的单道记录；
c 为压制谐波前时频域时频域单道记录；d 为压制谐波后时频域时频域单道记录

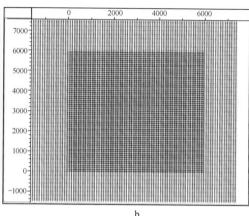

图 4-38 a 为三维试验工区地表及炮点（红色）、可控震源分布示意图；
b 为炮点（蓝色）及接收排列（红色）示意图

采用线性升频扫描信号：扫描长度 14s、记录长度（听时间）6s、滑动时间 10s、起止频率 6～84Hz。

图 4-39a，b，c 分别是谐波污染后的单炮记录、利用地面力信号滤波算子计算得到的谐波干扰以及去除谐波干扰的单炮记录。图 4-40a，b 分别是另一种预测滤波法压制谐波后的单炮以及预测的谐波干扰。对比图 4-39 与图 4-40 可见，本文介绍的方法压制谐波干扰的效果略好，是一种快速实用的谐波压制法。

如果在野外使用滑动扫描方法，可参考付金洲、王庆明（2009）总结的野外实施滑动扫描的四种方式。第一种方式是"非导航、非叠加"滑动扫描方式：各组震源按照设计好的先后顺序依次滑动；第二种方式是"导航、非叠加"滑动扫描方式：各组震源依次扫描，仪器按照接收到各组震源 Ready 信号的先后顺序启动各组震源；第三种方式是每次采集都预发准备信号的"叠加、导航"滑动扫描方式；第四种方式是每个震点只发一次准备信号的"叠加、导航"滑动扫描方式。至于野外项目采用哪种滑动扫描方式需要研究观测系统特点而定。

2012 年在柴达木盆地平台三维地震勘探项目中使用了可控震源滑动扫描技术，这也是首次在柴达木盆地使用可控震源高效采集技术。结合小面元、高覆盖观测系统，平台三维地震勘探项目极大提高了生产效率，有效控制了勘探成本，地震资料品质获得明显提高。图 4-41a，b 分别是平台三维部署图以及施工照片，三维工区地表是相对平坦的戈壁砾石滩，适合于可控震源滑动扫描施工。三维项目部署偏前满覆盖面积 95.44km²，共 38400 炮。观测系统类型采用 30 线×318 道×28 炮，面元为 15m×15m，覆盖次数达到 336～1280 次，接收道数为 9540 道。项目使用 8 组可控震源（每组 1 台）实现滑动扫描同步激发，震动次数为 1 次。扫描频率为 6～84Hz，扫描长度为 12s，滑动时间为 10s，记录时间为 5s。采集工作于 8 月 28 日 9：30 正式开始，截至 9 月 4 日 11：54，历时 170h，完成 38386 炮。平均采集日效 5486 炮/d，最低采集日效 4466 炮/d，最高采集日效 7040 炮/d。

由于最深目的层反射双程旅行时间在 1～2s，而滑动时间比记录时间多 5s，因此从野外单炮记录（图 4-42）上看，谐波干扰（蓝色矩形框内）对最深目的层（红色矩形框内）影

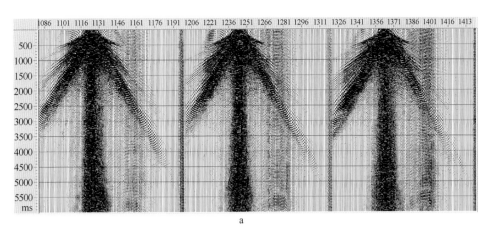

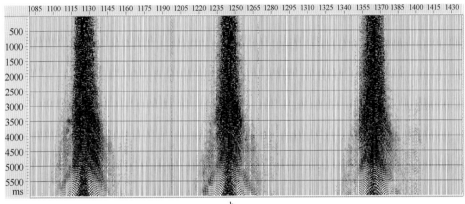

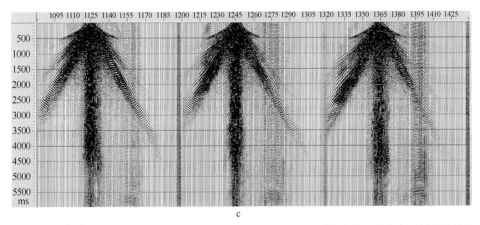

图 4-39　a 为谐波压制前的单炮记录；b 为谐波干扰；c 为地面力信号滤波法谐波压制后的单炮记录

响并不严重。图 4-43a，b 分别是利用滑动扫描新采集的成果剖面以及老三维成果剖面，显然新剖面断裂清晰，基底反射清楚，信噪比及分辨率更高。

2012 年，东方地球物理公司在中国西部大力推广使用"宽频、宽方位、高密度"两宽一高新技术，可控震源高效采集技术保证了"两宽一高"新技术的顺利实施。使用滑动扫描高效采集的三维地震项目 6 个，满覆盖面积 1343km²，覆盖密度提高了 7 倍以上，平均达到 172 万道/km²，平均日效率 3973 炮/d（表 4-1）。

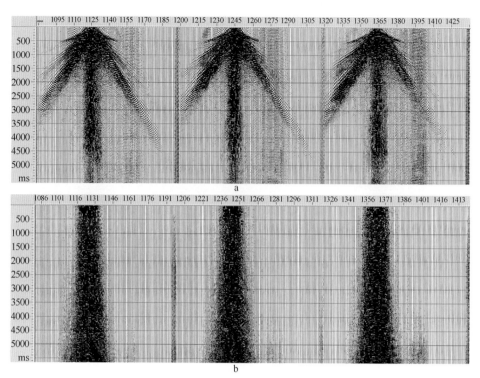

图 4-40 预测滤波法谐波压制后的单炮记录（a）和谐波干扰（b）

图 4-41 平台三维部署图（底图是卫星照片）（a）和现场施工照片（b）

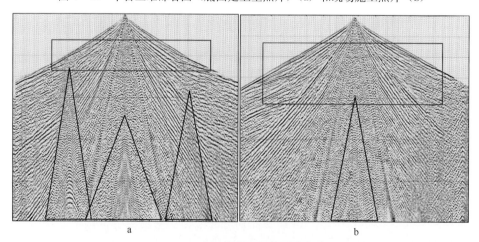

图 4-42 可控震源滑动扫描单炮记录

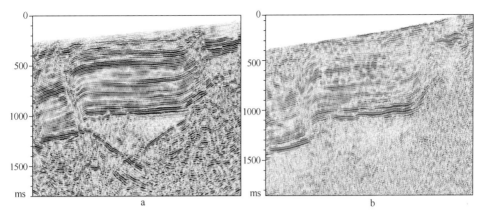

图 4-43 滑动扫描采集的新三维成果剖面（a）和老三维成果剖面（b）

表 4-1 2012 年度中国西部盆地采用滑动扫描的三维地震勘探项目统计一览表

三维名称	探区	激发方式	面积（km²）	覆盖密度（万道/km²）	日效炮数
平台	柴达木		100	149	5400
萨克桑	吐哈		283	200	4239
鄯勒	吐哈	滑动扫描	150	153.6	2759
条湖北	吐哈		210	128	3740
彩 9 井	准噶尔		200	224	3700
玛西 1 井	准噶尔		400	179.2	4000

第四节 独立同步扫描采集方法

一、野外施工方法

滑动扫描方法已经成为可控震源地震勘探中成熟的采集方法。可控震源滑动扫描技术生产效率至少是交替扫描的 1.5 倍、常规生产的 2 倍以上。但是随着对高精度地震勘探技术的追求，采集项目的炮密度以及总炮数呈现几何级数增长；另一方面，随着世界能源严峻形势的到来，勘探节奏加快，超大面积（至少 1000km²）三维地震勘探项目不断出现。这两方面因素要求要具有更高效率的地震采集方法以满足提高效率、加快勘探开发节奏、降低勘探成本的目的。回顾滑动扫描公式（4-2），在理想状况下滑动扫描的放炮时间 t_s 就等于记录时间 t_l。如果滑动时间小于记录时间、或者不考虑滑动时间，只要某组可控震源准备完成就可以直接放炮，无需考虑其他组可控震源是否结束放炮或是否正在工作，如果这样生产效率会得到极大地提高。ISS 技术就是这样的技术，ISS 是英文 Independent Simultaneous Sweeping 的缩写，可以直译为独立同步扫描技术。ISS 技术最早由 BP 公司提出并于 2006 年在阿尔及利亚 BP 项目中由 WesternGeco 公司承担了试验工作。BP 公司的 Dave Howe 等先后于 2008 年、2009 年发表论文，详细介绍了核心技术方法。

ISS 技术野外需要采用多组可控震源施工，各组可控震源之间相隔一定的距离，不需要互相等待，只要准备好就可以放炮；仪器采用连续记录的方式，只要施工中使用的各种硬件设备与软件不出现故障，或者没有自然因素（大风、下雨等）的影响，原则上可以在一个工作日内从第一炮开始一直不间断记录到最后一炮；在施工过程中，不同于传统的施工方法，ISS 方法中使用的采集仪器与可控震源之间独立作业，并通过 GPS 授时的方式完成仪器与可控震源的时间同步，需要记录每台震源的 T_0 启动时间。从 ISS 技术这些特点上可以看到，该技术受野外仪器中心的指挥、控制的程度远小于常规采集方法。

ISS 技术中各组可控震源之间应该相隔一定的距离，这样同步激发时，相邻炮产生的干扰（邻炮干扰）能量不至于淹没本炮的有效反射，当然本炮产生的地震波对于相邻炮记录来说也是干扰波。各组可控震源之间相距多远与最深目的层的深度、震源激发能级、工区波场特征、扫描信号类型、采集设备投入等因素有关。如果各组可控震源扫描信号相同，建议可控震源之间距离尽可能大一些，可以通过野外试验确定各组可控震源之间的距离。ISS 技术中各组可控震源扫描信号可以相同，也可以不同。采用不同的扫描信号时要遵循一定的原则，要使不同震源之间产生的干扰尽量呈现随机噪声的特征，这样就可以使用成熟的随机噪声衰减方法消除震源间的干扰。

ISS 技术在施工过程中采用了多组可控震源独立同步激发与接收，因此需要一个能满足记录各可控震源组使用的观测系统的超级排列；又因为采用了连续记录方式，因此只有足够多的地面接收设备同时在线才能够完成连续激发的要求。由于 ISS 技术生产效率极高，每天采集的数据巨大，因此在施工过程中一般不需要适时分离并监控单炮记录。只要保证硬件设备及软件正常运行，就能保证野外资料质量。

图 4-44a 是 BP 公司在阿尔及利亚 ISS 试验项目中采用的超级排列示意图。图中有 8 组可控震源相隔一定的距离，分布在超级排列的不同区域，分别完成蓝色框中的红色炮点放炮任务。这 8 组可控震源采用的扫描信号各不相同，放炮时不需要考虑其他可控震源的工作状态，绿色接收排列一直处于激活状态，接收来自于 8 组可控震源的放炮信息。图 4-44b 是单炮分离示意图，图中包含连续记录（continuous recorded data）中的一段振动记录、两组可控震源扫描信号（Vib1，Vib2）、两组可控震源扫描信号以 GPS 授时 T_0 时间为起始时间，与连续记录互相关处理就可以得到两张单炮记录（Vib1 记录，Vib2 记录）。

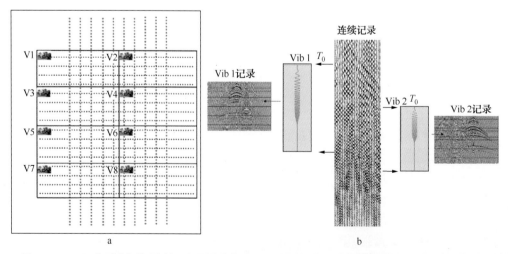

图 4-44　BP 公司在阿尔及利亚 ISS 试验中采用的观测系统（a）和单炮数据分离示意图（b）

表 4-2 是 8 组可控震源分别使用的线性升频扫描信号，不同组可控震源采用的扫描次数不同，但是总的扫描总长度都是 12s。例如，第一组可控震只扫描一次，扫描长度为 12s；第六组可控震源采用三次扫描，每次扫描的扫描长度为 4s，三次扫描总扫描长度为 12s，分离第六组对应的单炮时，需要把三次扫描都与母记录相应段相关运算，叠加后就得到第六炮单炮记录。另外，不同组可控震源采用不同扫描次数、相同的扫描带宽，这里采用的是 6~80Hz 线性升频扫描信号。

表 4-2 八组可控震源扫描次数与长度

	第一次扫描长度（s）	第二次扫描长度（s）	第三次扫描长度（s）	第四次扫描长度（s）
第一组震源	12			
第二组震源	8.5	3.5		
第三组震源	6.0	6.0		
第四组震源	5.5	6.5		
第五组震源	4.5	7.5		
第六组震源	4.0	4.0	4.0	
第七组震源	3.0	3.0	3.0	3.0
第八组震源	5.0	7.0		

图 4-45 是具有相同频带宽度、不同长度的扫描信号与具有相同频带宽度固定长度为 6s 的信号互相关示意图，从结果中不难发现，扫描信号自相关子波能量最集中，也最强。这也说明了为什么不同组可控震源采用不同的扫描信号的原因。

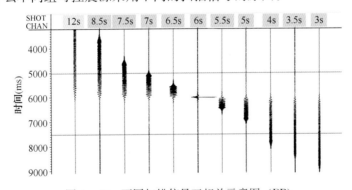

图 4-45 不同扫描信号互相关示意图（BP）

图 4-46a 是某一单炮记录，在共炮点道集上邻炮干扰（红色框内）表现为线性干扰特征，图 4-46b 是共检波点道集，由于炮点激发具有随机性，因此激发时间、位置都是变化的，因此邻炮干扰在共检波点道集或共中心点道集（CMP）内表现为条带状随机干扰（蓝色箭头指示）的特征，利用成熟的去除随机噪声的方法后，就得到去除邻炮干扰的共炮点道集（图 4-46c）、共检波点道集（图 4-46d）。从记录上看，去噪效果良好。

独立同步扫描技术（ISS 技术）是一种高效采集方法，实施这项技术需要投入大量的可控震源以及地面采集设备，可控震源以及采集设备数量不足则势必导致误工发生。一般情况下，笔者认为只有当三维地震勘探项目规模达到或超过 1000km² 或单位炮密度达到或超

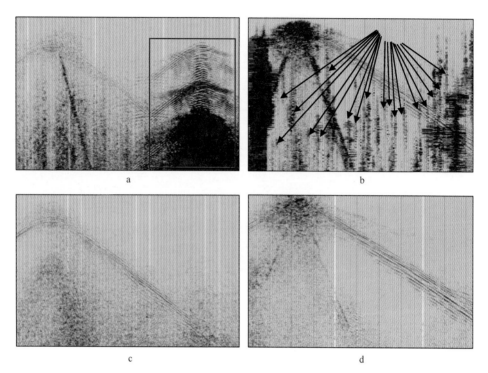

图 4-46　a 为去邻炮干扰前共炮点道集；b 为去邻炮干扰前共检波点道集；
c 为去邻炮干扰后共炮点道集；d 为去邻炮干扰后共检波点道集（BP）

过 500 炮/km² 时，才考虑使用这项技术，否则设备的投入与生产规模不成比例，造成投入浪费、效益降低。

二、邻炮干扰压制方法

压制邻炮干扰的方法较多，能够很好压制随机干扰的方法都能够用于压制邻炮干扰。一般地，有条件使用多点独立同步扫描技术的项目其覆盖次数都非常高，即便不做邻炮干扰压制处理，通过高覆盖叠加方法也可以很好压制，多次覆盖技术是压制邻炮干扰最直接有效的技术。

邻炮干扰在共接收点及共中心点道集表现为随机干扰的特征，因此可以用成熟的随机干扰压制方法估算邻炮干扰、去除邻炮干扰。Luis Canales（1984）提出了二维 $f-x$ 域随机噪声去除方法，称为 2D-RNA 去噪方法，该方法假设反射波同相轴是线性的，或者至少局部是线性的，对每一频率成分利用复数最小平方原理，求出一个 $f-x$ 域的预测算子，在与 $f-x$ 域数据进行褶积，就可以求出去噪后的数据。国九英、周兴元（1995）提出了三维 $f-(x,y)$ 域随机噪声衰减技术（3D-RNA）：假设反射波同相轴在局部为平面，因而在 $f-(x,y)$ 域的空间所有方向上，同一频率成分可预测。该方法使用矩形预测算子，预测值在矩形的中央，即为求得某一道的值必须利用其周围的数据，而不是常规二维 RNA 方法那样用一个方向的数据，矩形预测算子采用多道复数最小平方方法获得。东方地球物理公司在此方法基础上开发了 3D-RNA 随机噪声压制模块并安装在系列处理软件产品中。

国九英等首先考虑了信号只有一种视速度的简单情况。那么各地震道信号具有相同的振幅谱，对于特定频率成分相邻地震道之间的相位差是常数。那么前一道某个特定频率成分信号乘上一定的固定相移因子就求出后一道同一频率成分信号。也就是说可以由任何一道信号预测后一道信号。由于实际情况下噪声的存在，相邻地震道同一频率成分信号与上述有一定的差别。这时需要用多点预测算子，即不是由一道而是由若干道来预测一个道。算子也要由多组道求得。用这种方法预测，各道之间变化的不规则程度显著减小，从而衰减了噪声。预测结果经过 Fourier 变换回到时间域输出。

当有多个不同视速度的信号时，也是可以预测的。若有 N 个不同视速度的信号，则预测算子长度应等于或大于 N 点。一个信号的道间时差为 τ，若第 l 道的频谱如公式（4-19），即

$$X_l(\omega) = S(\omega) \tag{4-19}$$

则第 $l+1$ 道的频谱为

$$X_{l+1}(\omega) = S(\omega)\mathrm{e}^{-\mathrm{i}\omega\tau} \tag{4-20}$$

因此预测算子为

$$X_{l+1}(\omega) = X_l(\omega)A(\omega) \tag{4-21}$$

式中：$A(\omega) = \sum_{k=1}^{L} a_k \mathrm{e}^{-j\omega k}$

首先设定算子长度 L，它应该比可能存在的不同视速度的信号个数大一些。在一个 M 道的数据窗内对各个频率成分求预测算子，取 $M \geqslant 2L$，并要求预测误差功率 Q，即

$$Q = \sum_m \sum_n \| \sum a_{k,l}(\omega) x_{n-k,m-l}(\omega) - x_{n,m}(\omega) \|^2 \tag{4-22}$$

对同一圆频率 ω 预测算子是二维的，得到方程组

$$\sum_{k=1}^{L} a_k \sum_n x_{n+i}\overline{x}_{n+k} = \sum_n x_{n+1}\overline{x}_n \tag{4-23}$$

式中：$i = 1, 2, \cdots, L$，共 L 个方程，可解出算子 L 个点，此处为了简明，省写了（ω）。对于一个频率得到算子后，就可由实际数据做预测，得到各道该频率的预测结果。所有频率都做完后，对各道做傅氏逆变换后输出。沿时间和偏移距重复以上步骤，得到最终结果。图 4-47a，b 分别是含有噪声的正演模型和去噪后的模型，可以看到随机噪声得到很好的压制。

采用 ISS 技术的地震勘探项目，一般都是宽方位、小空间采样率的三维项目，因此具备使用三维（$f-k$）滤波法的条件。我们也尝试了应用在最小数据集上利用三维（$f-k$）滤波法消除邻炮干扰，但是发现压制效果并不明显。利用三维（$f-k$）滤波法在最小数据集上消除邻炮干扰的前提是邻炮干扰在数据集上呈现不同于本炮的视速度，这需要提前设计好本炮与邻炮放炮时间以及炮点之间的距离。如果这样的话，会禁锢可控震源施工效率，这是不希望看到的。

Hu Shoudong 等（2009）提出了利用多方位矢量中值滤波分离海上同步激发数据的方法，李合群等（2010）在东方地球物理公司科研项目中尝试应用了向量中值滤波法压制邻炮干扰，向量中值滤波基本公式为

$$\sum_{i=1}^{N} \| a_m - a_i \|_l \leqslant \sum_{i=1}^{N} \| a_j - a_i \|_l \tag{4-24}$$

使用公式（4-24）时，从地震剖面上选择一个时窗，将沿时间方向的每一列数据看成

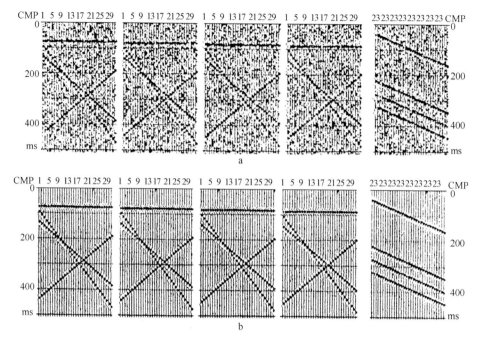

图4-47 含有随机噪声的正演记录（a）和压制随机噪声后的记录（b）（国九英，周兴元，1995）

一个元素 a_i，我们的目标是找到 a_m，使其到任意其他元素 a_j 的范数最小。在具体应用时，应该测试不同的范数，其他操作流程类似于常规的中值滤波流程。在获得向量中值滤波结果后，可以考虑应用匹配滤波器将滤波结果与原始数据进行匹配，以进一步提高信噪比和振幅的保真度。将给定类型道集上的有效地震信号能量看作图像，而将其中具有随机性的邻炮干扰看作噪声，用上述向量中值滤波法滤除噪声，从而达到压制邻炮干扰的目的。从正演模型分析（图4-48）可见，该方法对浅层信号损害较大，还有待于进一步的改进。

三、实例分析

自BP公司在2006年成功开展ISS技术野外试验以后，该公司于2008年11月把这项技术开始应用到实际项目中。项目位于北非利比亚 Ghadames 地区，三维勘探面积超过13000km²，由WesternGeco公司的1914队承担项目采集工作，投入使用Sercel公司地面接收设备10000道，采用微地震模式采集数据，投入可控震源14台套。

14台套可控震源彼此间隔约2km，采用相同的线性升频扫描信号。2006年ISS野外试验时，不同组可控震源采用具有不同速率的扫描信号，以使邻炮干扰以随机噪声的形式出现在本炮记录中。2008年生产项目开始时，BP公司在最初的130km²的区域内利用变速率扫描以及固定扫描参数两种方式分别采集了ISS数据两次，利用两次采集的数据处理的剖面效果相当，其原因在于项目的高覆盖次数在叠加时压制了邻炮干扰。当然，采用统一的扫描信号时，不同组可控震源要保持一定的距离且激发时间尽量做到随机激发。这一结论极大拓展了ISS技术使用的范围。为便于施工，2008年的项目不同组可控震源采用了相同的线性升频扫描信号。

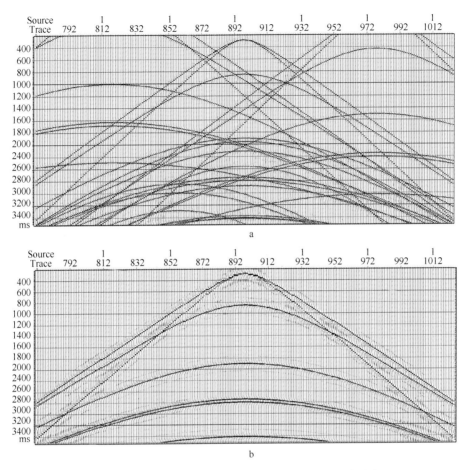

图 4-48 a 为带有邻炮干扰的单炮记录；b 为利用中值滤波法
压制邻炮干扰的单炮记录（浅层反射受到影响）

在地形较平坦的地区，BP 公司 Ghadames 地区三维地震项目的时效达到 1200 炮/h，按照一天工作 13h 计算，WesternGeco 公司的 1914 队日效达到近 13000 炮/d 或 33km²/d。压制邻炮干扰的方法是根据共检波点道集邻炮干扰呈现随机噪声的特点，结合不同炮不同的激发时间建立噪声模型，减去噪声就达到压噪的目的（图 4-49）。

东方地球物理公司于 2008 年在北非开展了 ISS 技术先导性试验工作，在此基础上于 2009 年开展了大规模 ISS 试验工作。试验工区地表平坦，有利于可控震源高效采集方法的实施。试验中，投入每组单台共 12 组可控震源（图 4-50），与 BP 试验内容相似，东方地球物理公司在试验区内也分别采集了两组 ISS 数据，12 台可控震源采用相同的线性升频扫描信号，采集第一组数据；12 台可控震源分别采用不同相位、不同速率的扫描信号，采集第二组数据。12 台可控震源同时作业时效平均达到 1139 炮/h、按照每天作业 10h 计算平均日效达到 9794 炮/d（图 4-51b）。东方地球物理公司 ISS 试验时把 12 台可控震源分别放置在试验区不同位置，平均间距为 2km（图 4-51a），每一台可控震源独立生产，利用 GPS 授时技术建立排列与可控震源之间的关系，用于后期单炮去噪与分离。扫描信号内置于可控震源电控箱体内。

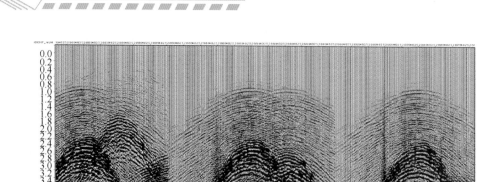

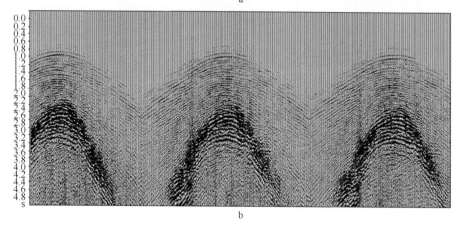

图4-49　带有邻炮干扰的单炮记录（a）和压制邻炮干扰后的单炮记录（b）

图4-50　试验工区地表照片（a）和投入的可控震源设备（b）

　　笔者利用 GeoEast 处理软件 3D-RNA 方法压制东方地球物理公司采集的 ISS 试验数据中的邻炮干扰。图4-52a 是带有线性邻炮干扰的共炮点道集，图5-52b 是抽取的 CMP 道集，可见邻炮干扰在 CMP 道集上呈现随机干扰特征；图5-52c 是使用 3D-RNA 前的在图4-52a 中选取的部分单炮记录、图4-52d 是在 CMP 域做完 3D-RNA 处

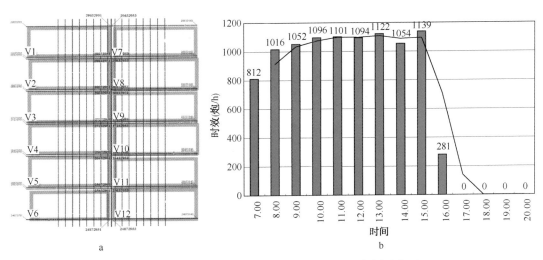

图 4-51　可控震源分布位置图（a）和 ISS 时效分析图（b）

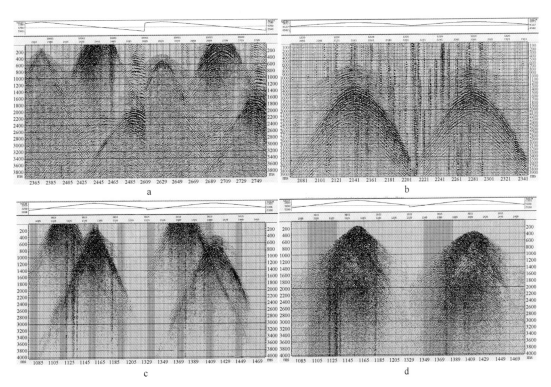

图 4-52　a 为带有邻炮线性干扰的单炮记录；b 为带有邻炮随机干扰的 CMP 道集；
c 为邻炮干扰压制前的单炮记录；d 为邻炮干扰压制后的单炮记录

理经反动校后抽出的单炮记录。可以看到，在这种条件下邻炮干扰得到了很好的压制，有效信号也得到了加强。从图 4-53a，b 叠加剖面上也可以看到，采用 3D-RNA 压制技术后叠加剖面的信噪比的提高是非常明显的。

　　2011 年东方地球物理公司在伊拉克中标某 ISSN 三维采集地震勘探项目。所谓 ISSN 技

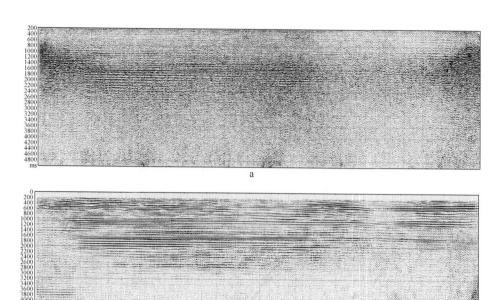

图 4-53 邻炮干扰压制前的叠加剖面（a）和邻炮干扰压制后的叠加剖面（b）

术是指项目使用 ISS 采集时，野外接收排列使用无线节点（Node）仪器接收，黄艳林、尚永生等（2013）详细介绍了项目采集方法、质量控制和现场处理方法。项目勘探面积约 1800km²、总炮数超过 70 万炮，炮点密度为 400 炮/km²。面元 25m×25m，基本观测系统 36 线×150 道×4 炮，由于采用 ISS 高效采集技术，因此接收排列使用超级排列。项目投入 15 台可控震源（图 4-54a）同步施工，震源彼此间隔 2km。项目使用 7000 个 Geospace 公司 GSR 无线节点（图 4-54b）设备，没有主机、大线、交叉站等附属设备，每个节点就是一个独立的采集单元，它带有 GPS 接收装置，有 4G 存储空间，具有长达 30d 的连续记录的能力。使用无线节点仪器优势在于轻便、无数据传输效率问题，配合 ISS 技术的使用可以极大提高生产效率。项目平均日效 5400 炮，最高日效 8888 炮。可控震源高效采集技术与无线节点记录仪的结合是未来高效采集方法发展趋势之一。

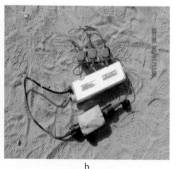

图 4-54 ISSN 项目投入震源 15 台（a）和 Geospace 公司 GSR 无线节点仪器（b）

第五节　距离分离同步扫描采集技术

一、野外施工方法

BP公司的Jack Bouska于2009年发表文章介绍了DSSS（DS³）距离分离同步扫描技术，DSSS是Distance Separated Simultanous的缩写。DS³技术的基本思路很简单，尽可能保证同步扫描作业的可控震源产生的地震记录彼此不受影响。野外项目中配备多组可控震源，多组可控震源之间采用交替扫描或滑动扫描作业方式。每组震源至少包含两套相距一定距离的可控震源组，这两套可控震源组之间采用完全同步扫描作业方式，他们之间的距离主要由目的层的深度决定，至少大于两倍最深目的层的深度，或其中一套可控震源组单炮记录上的最深目的层反射同相轴不受另外一套可控震源组单炮记录波场的影响。图4-55是DS³野外施工方法示意图。V1与V7、V2与V8、V3与V9、V4与V10、V5与V11、V6与V12构成六组可控震源，每组震源之间采用交替扫描或滑动扫描方式生产。每组震源内部由两套可控震源组组成，例如V6与V12构成第六组可控震源，V6与V12之间相距12km，V6与V12采用完全同步激发方式生产。

二、实例简介

BP公司在阿曼61区块使用DS³技术完成了2800km²的大偏移距、宽方位角、高密度的三维地震项目，项目的覆盖次数为1500次。项目由Global Geophysical Services Ltd的663队承担，历时151d完成。队伍配备了11000道Sercel公司地面记录设备，16台ION公司的AHV-IV型可控震源。

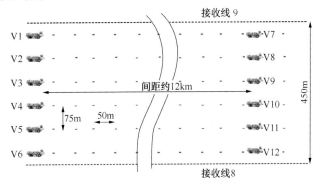

图4-55　DS³野外观测系统示意图（Jack Bouska，2009）

项目采用五组震源，每组有两套震源组成。如图4-56a中一组震源由VP-1（由两台可控震源组成）、VP-2（由两台可控震源组成）两套可控震源组组成。VP-1与VP-2之间相距12km，整个记录排列长度为24km。最深目的层反射在2.3s左右，而VP-1对VP-2或VP-2对VP-1的干扰彼此出现在2.5s以后，如图4-56b干扰带为蓝色与黄色点画线围成的三角带内，这样通过简单的裁剪就可以得到相互独立的两个单炮记录，而不需要特殊的去噪方法。

观测系统（图4-57）采用22线7920道接收，接收线长为18km，接收线距为450m或550m；炮线与接收线平行，炮线距为100m，炮点距为50m。生产中采用5组可控震源，每组由两套（台）可控震源组成。如图4-58所示，V1与V6、V2与V7、V3与V8、V4与V9、V5与V10组成五组可控震源，组内可控震源采用完全同步激发生产，而组间采用交替扫描方式生产。项目最高时效为1024炮/h，最高日效为12200炮/d，相当于完成40km²/d。在完成后期75%的采集工作过程中，平均日效7700炮/d，相当于完成25km²/d。

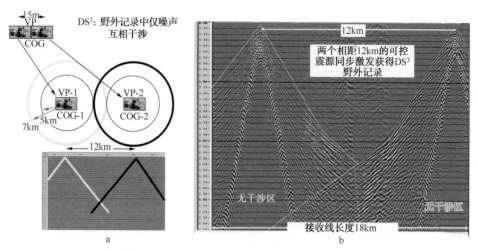

图 4-56　DS³组内震源同步扫描示意图（a）及其对应的单炮记录（b）（Jack Bouska，2009）

从图 4-59 阿曼 61 区块新老资料对比可以看到，高密度、宽方位采集对于提高资料的品质是明显的。DS³ 技术保障了 2800km² 的大偏移距、宽方位角、高密度的三维地震项目的高效实施。按照常规生产方式是不可能经济、高效完成这一项目的，只有在高效采集技术的支持下，高密度、宽方位才能成为油公司用得起的技术。

东方地球物理公司在 2009 年承担的 Shell 公司在利比亚的项目中使用了 DS³ 采集技术。生产中扫描信号采用线性升频信号，扫描长度为 10s，记录长度为 6s，滑动时间为 8s。项目投入可控震源 16 台，平均日效达到了 10600 炮/d。

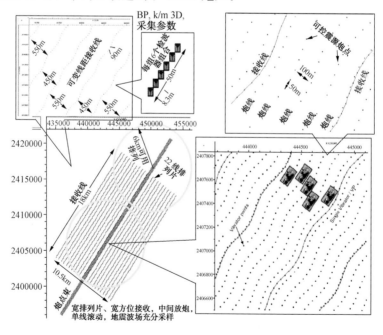

图 4-57　BP 公司阿曼 61 区块宽方位、高密度三维观测
系统及其参数示意图（Jack Bouska，2009）

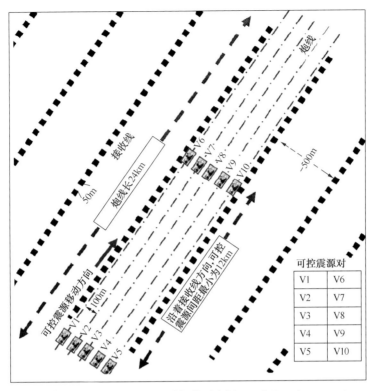

图 4-58 五组可控震源交替扫描示意图 (Jack Bouska, 2009)

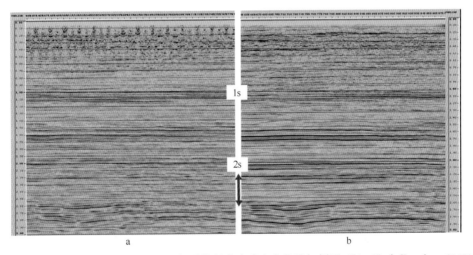

图 4-59 窄方位叠加剖面 (a) 和新采集的高密度宽方位叠加剖面 (b) (Jack Bouska, 2009)

第六节 其他高效采集方法介绍

自交替扫描、滑动扫描用于工业生产以来，基于交替扫描与滑动扫描方法的高效采集技术不断出现。CGGVeritas 公司的 HPVA 及 V1 技术、Schlumbeiger 公司的 Dithered slip-sweep 技术就是近年来出现的基于交替扫描、滑动扫描技术的可控震源高效采集技术。

一、HPVA 技术及 V1 技术

2007 年，CGGVeritas 公司在其官方网站上介绍了 HPVA 技术。HPVA 技术是在滑动扫描技术之上发展的高效采集技术：采用多组震源（每组由 3～4 台震源组成）交互且部分重叠扫描的方式，提高了施工效率。HPVA 通过消除由于多组震源同时激发产生的谐波干扰而达到提高滑动扫描质量的目的。这项技术允许三组或更多的震源组交互重叠工作，从而高效率获得高质量、高密度、宽方位地震资料。HPVA 在北非与中东获得成功，实现了高的生产效率，成像效果也有很大提高。HPVA 作业队伍在这些工区作业生产效率可以达到每小时 300 炮。HPVA 技术的核心是谐波压制方法，它采用记录震源特征信号或者在近道数据中进行统计的方式计算地面力的谐波畸变分量，对野外记录的滑动扫描数据进行确定性反褶积或者统计反褶积处理（滤波），达到衰减滑动扫描及震源非线性造成的谐波畸变的目的。图 4-60a、b 分别为力信号以及通过力信号求取的滤波算子，该过程可以在频率域进行，也可以在时间域内实现。图 4-61a，b 分别为 HPVA 滤波前后的滑动扫描记录。通过对比我们可以清楚看出，在 HPVA 滤波之前，相关母记录中存在严重的谐波干扰，滤波后基本消除了谐波干扰。图 4-62 时频谱显示更加直观，HPVA 滤波之后，谐波干扰能量明显得到的压制，表明该方法可以有效地压制滑动扫描记录中的谐波干扰。

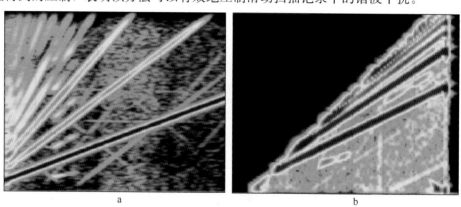

图 4-60　时频域地面力信号（a）和时频域滤波算子（b）（CGGVeritas，2008）

Jean-Jacques Postel 等（2008）介绍了 CGGVeritas 公司的 V1 技术。众所周知，组合激发与接收能够提高地震资料原始资料的信噪比，但是由于组内高差等原因组合也会降低地震资料的分辨率。随着仪器的发展，小点距、高密度、高覆盖、室内组合的采集方法已经走向实际生产。V1 技术就是利用单台可控震源实现无组合单点激发的一项技术。组合激发考虑的一个重要问题是激发能量的问题，单台可控震源无组合激发面临的瓶颈问题也是激发能量的问题，CGGVeritas 公司在 V1 技术中通过加大扫描长度以及增加炮密度的方法补偿因震源无组合而导致的能量减少。增加扫描长度意味着积分能量增加；在面元大小一定的情况下，增加炮密度将增加采集数据的覆盖次数，处理之后可以得到更大的叠加能量（信号振幅），这样就可以通过更好的照明度、更好的多次波压制、更好的方位角振幅与速度信息来提高数据的质量。图 4-63 是采用 V1 方法使用 12 台震源生产时的激发时序图。

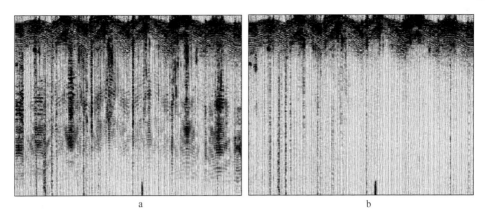

图 4-61 滑动扫描去谐波前单炮记录（a）和滑动扫描去谐波后记录（b）（CGGVeritas，2008）

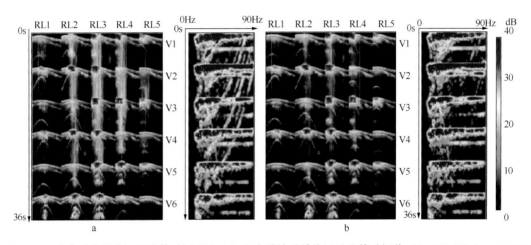

图 4-62 去谐波前单炮记录及其时频显示（a）和去谐波后单炮记录及其时频谱（b）（CGGVeritas，2008）

每台震源在不同的炮点位置，采用长度为 42s 的线性升频信号从而增加了激发能量。滑动时间为 5s，位移时间（一台震源移动到下一个炮点并准备激发所需要的时间）平均为 18s（由于炮点非常密集，位移时间相当小）。由于扫描长度为 42s，而滑动时间为 5s，因此，在任何时间段内都有 8 台可控震源在不同的炮点位置同时工作，同时另外 4 台可控震源移动到另外 4 个炮点准备激发。这种生产方式无疑会极大提高生产效率。

CGGVeritas 公司在埃及以及沙特分别开展了 V1 试验。这里仅仅介绍在埃及西部沙漠的试验情况。试验对比了常规滑

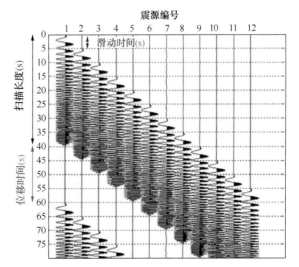

图 4-63 12 台独立震源生产时的激发时序图
（Jean-Jacques Postel 等，2008）

动扫描与 V1 方法：常规滑动扫描采用四套（每套四台）可控震源在四个炮点施工；V1 方法施工配备 14 台可控震源在 14 个炮点以滑动扫描方式施工。表 4 - 3 是两种方式各项指标对比表。V1 的炮密度是常规滑动扫描的两倍，但是单位时间内完成的炮数也是前者的两倍（投入 14 台时，V1 最高时效可达 800 炮/h），尽管完成的施工面积都是 2.5km²/h，但是 V1 高的炮密度对于最终成像是有意义的。用一个常规陆上处理流程（包括叠前时间偏移），处理采用相同的面元大小，V1 方法采集数据成像效果有显著提高（图 4 - 64），最值得注意的是采集脚印减小了。

表 4 - 3　常规扫描方法与 V1 采集方法各项指标对比表

	常规滑动扫描	V1 采集方法
可控震源的投入数量	4 组×4 台	14 组×1 台
扫描长度（s）	16	42
滑动时间（s）	10	5
炮线距（m）	300	150
炮点距（m）	25	25
接收线距（m）	200	200
道距（m）	50	50
炮密度（炮数/km²）	340	680
生产效率（km²/h）	2.5	2.5

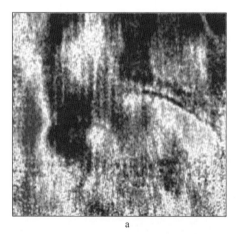
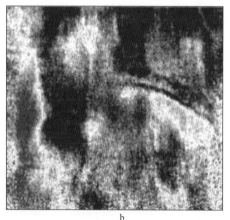

a　　　　　　　　　　　　　　　　b

图 4 - 64　常规滑动扫描时间切片（a）和 V1 采集方法时间切片（b）

　　从采集方法到采集效果可以看到，V1 技术无疑是一种高效的地震采集技术，利用 V1 技术能够在高的生产效率下完成较低成本的（比照常规采集，V1 的成本提高幅度很小）高精度的地震勘探。

二、颤动滑动扫描技术

　　Stefani（2007）介绍了颤动扫描采集技术，Schlumberger 公司把颤动扫描技术与滑动扫描技术结合起来形成了新的扫描技术——DSS 技术。Bagaini（2010）详细描述了 DSS 技术，DSS 技术是英文 Dithered slip - sweep 的缩写，中文直译为"颤动滑动扫描"技术。野外施工采用多组可控震源，每组可控震源称为"颤动可控震源组"：每组可控震源由位于不同炮点的单个震源（或震源组合）组成，单个震源（或震源组合）之间开始振动扫描的时间（启振时间）相差几百毫秒（称几百毫秒为颤动时间）或扫描信号存在一定的相位差（称相位差为颤动相位），颤动时间或颤动相位要在设计阶段规定好。"颤动可控震源组"内单个震源（或震源组合）之间的距离一般为半个排列长度的 1/3～1/2。不同"颤动可控震源组"之间采用交替扫描或滑动扫描的作业方式，滑动时间大于记录时间，小于扫描长度与记录时间（听时间）之和。

DSS 技术是改进的 DSSS 技术。图 4-55 中，V1 与 V7、V2 与 V8、V3 与 V9、V4 与 V10、V5 与 V11、V6 与 V12 不完全同步激发，而是间隔一个颤动时间或颤动相位实现激发；另一方面 V1 与 V7、V2 与 V8、V3 与 V9、V4 与 V10、V5 与 V11、V6 与 V12 之间的距离有 DSSS 的一个排列缩短到半个排列长度的 1/3～1/2。DSS 技术利用不同震源组存在的颤动时间或颤动相位差来实现单炮的数据分离，通过缩短震源间距离实现效率与设备的最佳配置。

Schlumberger 公司开展了二维 DSS 地震采集试验。测线长为 5.6km，线性扫描（5～80Hz，扫描长度为 16s），炮点距和接收点距是 25m。接收排列长度 5.6km，固定 5.6km 排列接收。第一组"颤动可控震源组"由可控震源 A1、A2 组成，相距 2.8km；第二组"颤动可控震源组"由可控震源 B1、B2 组成，同样相距 2.8km（图 4-65）。两组可控震之间采用滑动扫描方式，滑动时间为 12s，"颤动可控震源组"组内震源颤动时间在 300～500ms内变化。从时频域图（图 4-66）可以看出，两组"颤动可控震源组"之间的谐波干扰较弱，主要因为滑动时间比较大的缘故；"颤动可控震源组"组内干扰较严重，但是由于不同颤动时间可变、随机性较强，因此在共检波点道集上邻炮干扰出现随机干扰的特征（图 4-67），通过高的叠加覆盖次数完全可以消除随机干扰，或采用前文介绍的方法也可以去除邻炮干扰。从常规采集数据叠加剖面与"颤动滑动扫描"叠加剖面对比（图 4-68）可以看到，后者中、浅层资料信噪比较前者略高，但是生产效率是常规扫描的上百倍。

三、定制同步扫描技术

2011 年东方地球物理公司承担了沙特某大型三维地震勘探项目，在这个三维地震勘探项目中，发展、完善了一种动态滑动扫描高效采集技术。汪长辉、张慕刚等（2013）阐述了这种方法的基本原理，并把这种技术称为定制同时扫描（Customed Simultaneous Sweep）

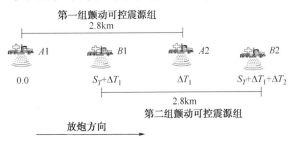

图 4-65 不同"颤动可控震源组"以及组内震源施工方式示意图（Bagaini, 2010）

技术，简称 CSS 技术。CSS 技术能够避免可控震源等待时间，大幅度提高生产效率。

CSS 技术一般在多套可控震源同步激发、大道数同步接收的项目中应用。超级激活排列长度一般要求大于 4 倍最大炮检距，这样才能满足多套可控震源同步激发所需的不间断记录的要求，一个激活排列片覆盖面积甚至超过 300km²。

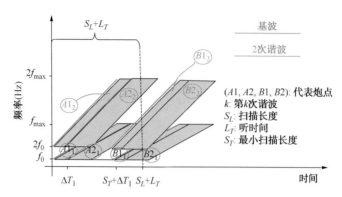

图 4-66 不同"颤动可控震源组"以及组内震源施工
方式时频显示示意图（Bagaini，2010）

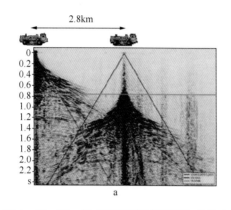

图 4-67 同一组"颤动可控震源组"共炮点记录（a）和共检波点记录（b）（Bagaini，2010）

如果各台套可控震源采用相同的扫描信号，那么在空间分布上，CSS 技术要求多台套可控震源相对均匀分布在激发区，也就是说限定彼此间最小空间距离、准备就绪的可控震源只能在大于这一距离的范围内同步施工，否则会产生强能量邻炮干扰；在时间范围上，可以根据空间距离灵活限定可控震源启振时间间隔。判定已经准备就绪的可控震源是否可以扫描激发，需要综合考虑准备就绪的可控震源之间的空间距离以及启振时间差：当多台准备就绪的可控震源彼此相隔距离大于、等于两倍最大炮检距，那么它们可以完全同步激发而不需要彼此等待，这种情况就是 DS³ 同步扫描激发方法；如果准备就绪的可控震源空间间隔小于限定的最小空间间隔，那么它们的激发时间必须大于等于扫描时间与记录时间之和，这样可以避免强能量邻炮干扰，这种情况就是交替扫描方法；如果准备就绪的可控震源空间间隔接近限定的最小空间间隔，那么它们启振时间差要大于等于记录时间，这种情况就是滑动扫描激发方法；如果准备就绪的可控震源空间距离大于限定的最小距离、小于两倍最大炮检距，并且产生的邻炮干扰尽管对中深层反射有一定的影响，但是也能通过数字处理方法减弱干扰，那么它们就可以随时开始扫描激发，这种情况就是 ISS 同步扫描方法。如果各台套可控震源采用不同的扫描信号，那么 CSS 技术对可控震源的空间距离及启振时间差的要求比较宽松，但是如何设计随机出现的某一时刻、某一位置可控震源采用

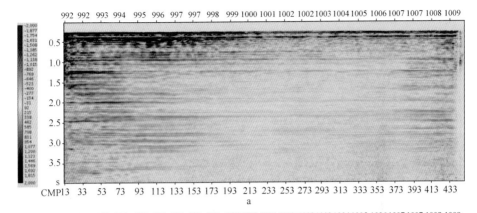

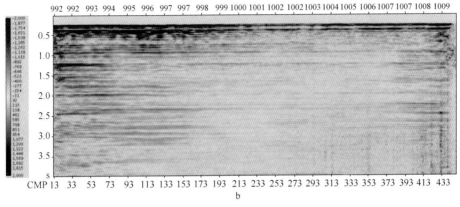

图 4-68　常规方法叠加剖面（a）和颤动滑动扫描叠加剖面（b）（Bagaini，2010）

哪种扫描信号，是一个动态的、复杂的过程，不仅要考虑上一炮的噪声特征，还需要避免对下一炮造成严重干扰。笔者认为 CSS 技术应尽量避免采用不同的扫描信号。

CSS 技术把交替扫描、滑动扫描、独立同步扫描（ISS）和距离分离同步扫描（DS^3）技术融合到同一个采集项目，并通过计算机软件依据上述激发原则动态管理可控震源，因此，避免了可控震源等待时间，大幅度提高了生产效率。

2011 年，东方地球物理公司承担的沙特某大型三维地震勘探项目，投入 30 台可控震源、6 万道采集设备（图 4-69）；面元为 12.5m×12.5m，采用 48 线双边激发的宽方位观测系统，纵向最大炮检距为 6000m，超级激活排列由 23040 道组成；单点单台可控震源采用 CSS 技术同步激发，各台可控震源采用相同的扫描信号，扫描长度为 12s，记录长度为 6s。项目可控震源排列布设方式如图 4-70a，CSS 定制同步扫描参数如图 4-70b。距离小于 2km 的可控震源激发时间间隔必须大于等于 18s，激发方式为交替扫描激发方式；距离小于等于 5.9km、大于 2km 的可控震源激发时间间隔必须不小于 5s，激发方式为滑动扫描激发方式；距离不大于 12km、大于 5.9km 的可控震源激发时间间隔必须不小于 0s，激发方式为独立同步扫描激发方式；距离不小于 12km 的震源激发时间间隔可以等于 0s，激发方式为距离分离同步扫描激发方式。CSS 技术的应用，使项目最高日效达到 16888 炮/d，平均日效达到 8256 炮/d。

图 4-69　沙特某三维地震勘探项目投入的可控震源与仪器设备

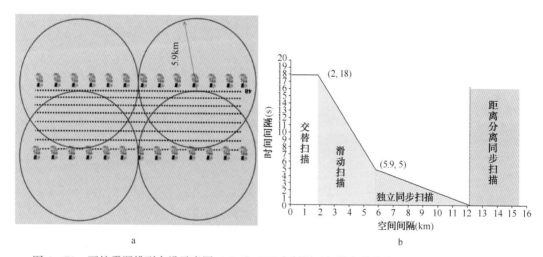

图 4-70　可控震源排列布设示意图（a）和 CSS 定制同时扫描参数曲线（b）（汪长辉等，2013）

第五章　高保真采集技术

第一节　引　言

可控震源常规勘探技术、可控震源高效采集技术都是利用扫描信号（真参考信号）与地面仪器接收设备接收到的振动记录互相关运算获得地震记录。扫描信号与振动记录互相关运算的过程实际就是扫描信号自相关生成的零相位 Klauder 子波与反射系数脉冲响应的褶积。每一个脉冲响应对应一个 Klauder 子波，这样就把长的振动记录压缩为短的地震记录。值得注意的是，尽管互相关运算得到的地震记录与波阻抗界面有一定的对应关系，但是互相关地震记录是波阻抗界面的数学响应。这种数学响应特征受扫描信号自身特征的影响，不能完整真实反映波阻抗界面纵横向变化的地质含义。

如何消除扫描信号对地震记录的影响？D. Ristow 和 D. Jurczyk 等（1975）提出了利用扫描信号对振动记录进行反褶积处理的方法，这种方法使用了扫描信号求解反滤波器。Katherine Brittle 和 Larry Lines 等（2000）用理论模型正演模拟方法对比分析了互相关记录与频率域扫描信号反滤波（FDSD：Frequency domain sweep deconvolution）记录，认为反褶积处理优于互相关处理。在加拿大萨斯喀彻温省（Saskatchewan）Pikes Peak 油田采集的实际地震资料处理结果表明，同互相关方法相比，利用频率域扫描信号反褶积方法可以获得更精确的振幅与相位信息。FDSD 方法使用扫描信号设计反褶积算子，在频率域与振动记录做除法运算。得到有明确地质含义的反射系数脉冲响应，这一过程可以用公式（5-1）描述，即

$$x(f) = \frac{e(f)f(f)s(f)}{s(f) + stab \cdot \max(|s(f)|)} + \frac{n(t)}{s(f) + stab \cdot \max(|s(f)|)} \tag{5-1}$$

式中：$x(f)$，$e(f)$，$f(f)$，$s(f)$，$n(f)$ 分别代表频率域地震记录道、反射系数序列脉冲响应、大地滤波器、扫描信号、噪声；$stab$ 是选择的白噪百分比。公式（5-1）等号右边第一项代表没有噪声干扰的反射系数脉冲响应地震道；第二项是噪声项。引入白噪的目的是消除反褶积过程中由于扫描信号的极小值引起的对噪声的放大作用。从公式（5-1）不难看出，利用扫描信号设计的反褶积算子对振动记录的反褶积运算得到的地震道消除了扫描信号的影响。

应用 FDSD 方法的前提条件是扫描信号（真参考信号）与可控震源传播到大地的信号是相同的。也就是说"可控震源系统"本身和"可控震源—大地系统"之间没有发生畸变，这两个系统没有改造扫描信号。正如前面章节介绍的一样，当可控震源向大地传播扫描信号时，由于"可控震源机械—液压系统"和"可控震源—大地系统"的非线性特征（包括机械系统与液压系统同步精度问题、振动平板变形、平板与大地的耦合问题等），导致传播到大地的信号是地面力信号，而不是单纯的扫描信号。因此，利用公式（5-1）处理后不

能彻底消除扫描信号对地震资料的影响。地面力信号可以通过测量可控震源重锤加速度、平板加速度并经过运算获得。一般地，假设平板与重锤是刚性连接的，则地面力信号可以表示为

$$g = m_m a_m + m_p a_p \qquad (5-2)$$

式中：g 是地面力信号；m_m 和 a_m 分别为重锤质量和加速度；m_p 和 a_p 分别为平板质量和加速度。

　　既然地面力信号是可以测量的，那么利用地面力信号设计反褶积算子，对振动记录做反褶积处理就可以得到比用扫描信号更能真实反映地下反射系数序列的脉冲响应。Mobil公司的 Sallas 等人首先提出了利用地面力信号反褶积获得可控震源高保真地震记录的方法，英文缩写为 HFVS（High-fidelity vibratory source method），并于 1988 年获得高保真可控震源（HFVS）技术美国专利。同年，Allen 等公布了 HFVS 技术的基本原理并介绍了其现场试验结果。Krohn 等（2003）介绍了基于多台可控震源的 HFVS 地震数据采集和分离技术及其在 VSP 中的应用。与此同时，Hufford 等（2003）介绍了 HFVS 与滑动扫描技术联合应用及其实例。Chiu 等（2005）介绍了多台震源 HFVS 技术优化编码方法，该方法于2007 年获得美国专利，标志着基于多台震源的 HFVS 技术逐渐走向成熟。东方地球物理公司于 2007 年开始研究利用地面力信号反褶积的方法，并于 2009 年在中国西部吐哈盆地开展了二维采集试验。截至 2010 年，已经掌握了多台可控震源数据分离技术，具备了工业化批量生产能力，这方面取得的成果已经在国内专业杂志和国际学术会议上公开发表。

第二节　野外施工方法

　　可控震源高保真地震采集方法（HFVS）是可控震源地震勘探系列技术的重要组成部分。与前文介绍的高效采集技术不同，高保真采集技术一般不追求过高的效率。因为过高的效率会引入额外的噪声，额外噪声的引入会违背高保真采集的初衷，因此可控震源高保真地震采集技术属于高精度地震勘探技术范畴。

　　可控震源高保真野外采集方法（HFVS）有两种。第一种与常规采集方法有相同之处，采用一台可控震源在不同的炮点之间依次扫描作业，完成一个炮点的生产之后，这台可控震源搬到下一个炮点位置扫描作业。第二种方法是采用多台可控震源在不同的激发点位置同时扫描作业，不同可控震源之间的距离需要根据野外试验确定，距离的长短以后期数据分离效果最好为原则。每台可控震源在同一激发点位的扫描次数必须不小于可控震源的总台数。同次扫描时，至少保证一台可控震源扫描信号的相位不同于其他扫描信号的相位。同一可控震源不同次扫描应具有不同的相位。使用 HFVS 技术最关键的是要记录每台可控震源、每次扫描作业时的地面力信号，这是后期高保真数据分离的基础。

　　图 5-1 描述了野外采用多台可控震源高保真地震采集作业的方法。图中使用了四台可控震源 V1，V2，V3，V4 分别在不同的激发点 S_1，S_2，S_3，S_4 扫描作业。这四台可控震源在四个炮点同步扫描激发四次，每次扫描都通过地面检波器 R（R_1，R_2，R_3，R_4，R_5，R_6，R_7，……）单独记录原始振动信号。每台可控震源每次扫描信号的初始相位不同，并且保证同次扫描中，有一台可控震源的初始相位不同于另外 3 台震源的初始相位。必须记

录每台可控震源每次扫描时的地面力信号。当 4 台震源在 4 个炮点完成 4 次扫描作业后，再搬到下一组 4 个激发点 S_5，S_6，S_7，S_8 重复上面的过程，直到全测线或全三维工区完成为止。

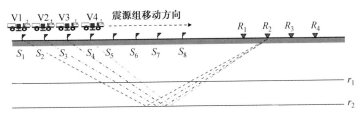

图 5-1　多台可控震源高保真地震勘探野外扫描作业示意图

图 5-2a 是 4 台可控震源分别在 4 个炮点同时扫描作业得到的互相关后的近排列、远排列炮集记录（扫描信号与振动记录互相关）。炮集记录是一个复杂的地震波场，4 台可控震源激发产生的信号交互重叠在一起，很难看到有效信号的影子。图 5-2b 中左边单炮记录是利用地面力信号通过对相关前振动记录反褶积后得到的单炮记录，它对应第二台可控震源，单炮记录的信噪比较高，反射波同相轴较清晰，其他 3 台震源对它的影响很小。扫描信号参数如何设置、如何利用地面力信号分离相关前的振动记录，使之成为 4 个激发点位置对应的单炮记录是可控震源高保真采集方法的关键。

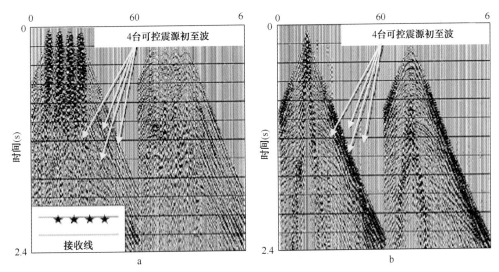

图 5-2　扫描信号与振动记录互相关后的炮集记录（a）和
地面力信号反褶积单炮记录（b）（Christine E. 2006）

第三节　数据处理方法

单台与多台可控震源高保真数据处理原理是相同的，都是通过反褶积的方法来实现数据分离的，但是在具体操作上稍有差别。

一、单台可控震源数据高保真处理方法

当采集项目使用一台可控震源生产时，直接利用地面力信号设计反褶积滤波器就可以实现高保真数据处理。因为可控震源实际输入地下的信号不是扫描信号而是地面力信号，因此利用扫描信号建立起来的可控震源振动记录褶积模型［公式（2-14）］可以用地面力信号改写成为

$$s'(t) = \frac{\partial}{\partial t} g(t) * e(t) * w(t) + n(t) \qquad (5-3)$$

式中：$s'(t)$ 代表地面仪器记录设备记录到的振动记录（通常称为未相关记录）；$g(t)$ 代表地面力信号；$e(t)$ 代表反射系数序列脉冲响应；$w(t)$ 代表地层及记录仪器响应子波；$n(t)$ 代表随机噪声。公式（5-3）中地面力信号 $g(t)$ 旋转了 $90°$，主要原因是振动记录与地面力信号存在 $90°$ 相位差。不难看出，地面仪器接收的振动记录是地面力信号与含有地下地震地质信息的脉冲响应等的褶积再加上噪声构成的，这一褶积模型最接近实际情况，是可控震源地震勘探基本的理论公式之一。公式（5-3）表达的时间域褶积模型可以用频率域乘积模型代替，即

$$s'(f) = \frac{\partial}{\partial t} g(f) e(f) w(f) + n(f) \qquad (5-4)$$

式中：$s'(f)$，$g(f)$，$e(f)$，$w(f)$，$n(f)$ 分别代表频率域可控震源振动记录、地面力信号、反射系数序列脉冲响应、地层及记录仪器响应子波、随机噪声。分析乘积模型不难看出，等式左边的振动记录是已知的，右边的地面力信号以及噪声都是已知的，因此可以通过使用地面力信号设计滤波器，消除公式（5-4）右边地面力信号对振动记录的影响，得到反褶积地震记录道（含有地层吸收衰减及记录仪器响应信息），对应相同炮点的所有的反褶积地震记录道组合在一起就形成通常意义的共炮点道集。结合公式（5-1），可以推导出频率域反褶积地震记录道模型，模型中地面力信号的倒数作为反褶积算子，它与振动记录相乘后得到反褶积地震记录道，即

$$x(f) = \frac{\left[\frac{\partial}{\partial t} g(f)\right] e(f) w(f)}{g(f) + N} + \frac{n(f)}{g(f) + N} \qquad (5-5)$$

式中：$x(f)$ 是频率域反褶积地震记录道；$x(f)$ 含有地层吸收衰减及仪器响应信息，可以通过其他处理方法消除地层吸收衰减及仪器响应的影响；N 为噪声或其他约束条件，它能压制扫描信号低、高频端小振幅引起的野值。图5-3a 是利用一个简单的模型合成的可控震源未相关记录，该模型共有4层，三个反射界面，接收道为300道，从图5-3a 中根本看不出任何模型的信息。图5-3b 是利用公式（5-5）处理后得到的反褶积记录，可以看到记录与通常看到的单炮记录没有区别，反射信息清晰。

因为振动记录与地面力信号中都含有谐波成分，因此利用公式（5-5）得到的记录消除了谐波干扰，很好地解决谐波干扰的问题。扫描信号与振动信号互相关记录是混合相位的，互相关结果包含扫描信号和地面力信号信息，后期处理需要进一步做小相位化处理。而利用公式（5-5）获得的共炮点道集数据是最小相位的，不需要后期小相位化处理。公式（5-5）的计算结果消除了扫描信号对共炮点道集数据的影响，计算结果就是最小相位的反射系数脉冲响应，因此反褶积处理获得的数据体是高保真数据体。

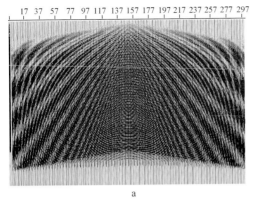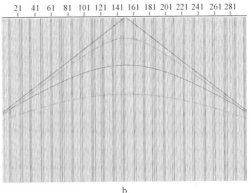

a　　　　　　　　　　　b

图 5-3　单台可控震源单次激发合成振动记录（未相关记录）（a）和反褶积处理后的单炮记录（b）

二、多台可控震源同步采集数据处理方法

多台可控震源同步激发是 HFVS 常用的一种野外采集方法，这种采集方法产生一张含有多台可控震源扫描信息的复杂记录，如何把这张复杂的记录分解成为对应不同震源的单炮记录（共炮点道集）是多台可控震源 HFVS 方法要解决的主要问题。假设采用 N 台可控震源、M 次扫描方式（$M \geqslant N$），那么 N 台可控震源高保真采集方法振动记录时间域褶积模型为

$$s'_i(t) = \sum_{j=1}^{N} g_{ij}(t) * e_j(t) \tag{5-6}$$

式中：$s'_i(t)$ 代表第 i 次扫描时间域振动记录；$g_{ij}(t)$ 代表第 j 台可控震源第 i 次扫描的时间域地面力信号；$e_j(t)$ 代表用于第 j 台可控震源褶积的时间域反射系数序列脉冲响应，这里没有考虑噪声和地层与仪器自身的滤波作用。频率域表达式为

$$s'_i(f) = \sum_{j=1}^{N} g_{ij}(f) e_j(f) \tag{5-7}$$

式中：$s'_i(f)$ 代表第 i 次扫描频率域振动记录；$g_{ij}(f)$ 代表第 j 台可控震源第 i 次扫描的频率域地面力信号；$e_j(f)$ 代表第 j 台可控震源频率域反射系数序列脉冲响应。

N 台可控震源、M 次扫描模型可以用矩阵方程表示为

$$\begin{bmatrix} g_{11} & g_{12} & \cdots & g_{1N} \\ g_{21} & g_{22} & \cdots & g_{2N} \\ g_{31} & g_{32} & \cdots & g_{3N} \\ g_{41} & g_{42} & \cdots & g_{4N} \\ \cdots & \cdots & \cdots & \cdots \\ g_{M1} & g_{M2} & \cdots & g_{MN} \end{bmatrix} \begin{bmatrix} e_1 \\ e_2 \\ e_3 \\ \vdots \\ e_N \end{bmatrix} = \begin{bmatrix} s'_1 \\ s'_2 \\ s'_3 \\ s'_4 \\ \vdots \\ s'_M \end{bmatrix} \tag{5-8}$$

矩阵方程（5-8）可以简写为

$$GE = S' \tag{5-9}$$

式中：G 代表地面力信号矩阵；E 代表脉冲响应矩阵；S' 代表振动记录矩阵。我们的目的是求解脉冲响应矩阵 E，由方程（5-9）得到

$$E = G^{-1}S'$$

$$(5-10)$$

图 5-4a 是合成的 4 台可控震源 4 次扫描得到的 4 张高保真记录数据，每张记录对应 4 台可控震源同步单次激发的数据。利用公式（5-10）来分离数据得到图 5-4b 的记录，可以看到原来交错重叠在一起的 4 台震源的数据被很好地分离成每台可控震源对应的单炮记录。

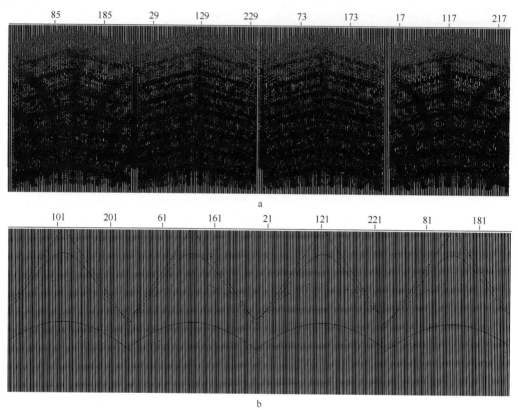

图 5-4 4 台可控震源 4 次激发 4 张合成振动记录（a）和每台可控震源对应的分离后的单炮记录（b）

从数学问题出发，如果要保证线性方程组［公式（5-9）］解 **E** 的稳定性，那么系数矩阵 **G** 的条件数不能太大，否则 **S**′ 的微小变化就会引起很大的误差，造成 **E** 发生较大的变化。从地球物理角度分析问题，则要求对可控震源扫描信号设定不同的相位，要选定合适的相位编码，以保证相应的地面力信号矩阵的条件数相对较小，从而把多台可控震源形成的复杂振动记录有效分解成每台可控震源的单炮记录。所谓有效分解是指每台可控震源单炮记录上保留很少的其他可控震源信号。

Stephen K. Chiu 在其发明专利上以及在其发表的文章上做了详细阐述并证明了这一结论。在 Stephen K. Chiu 的模型中，采用了两组相位编码，使用了 4 台可控震源 4 次扫描的方式。正演模型中，改变可控震源的相位编码，其他扫描信号参数保持不变，扫描频率都为 8～100Hz，记录长度为 24s，反射系数序列模型由每隔 100ms 的零相位子波组成。另外，在信号上面加了随机噪声，随机噪声 RMS 振幅范围在主要信号振幅的 0～200％范围内变化。

图 5－5a，b，c，d 和图 5－6a，b，c，d 表示了两个模型正、反演的结果。比较模型 1（图 5－5c）与模型 2（图 5－6c）反演结果，利用模型 2 的相位编码表比模型 1 产生了好的成像效果。

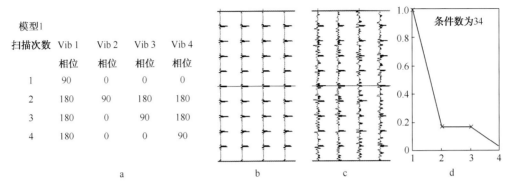

模型1				
扫描次数	Vib 1	Vib 2	Vib 3	Vib 4
	相位	相位	相位	相位
1	90	0	0	0
2	180	90	180	180
3	180	0	90	180
4	180	0	0	90

条件数为34

图 5－5　a 为模型 1 对应的相位编码表，相位单位为度；b 为没有噪声情况下采用相位编码 1
反演分离的结果；c 为信噪比为 1∶2 时采用相位编码 1 反演分离的结果；d 为可控震源
扫描信号矩阵特征值图（Stephen K. Chiu，2005）

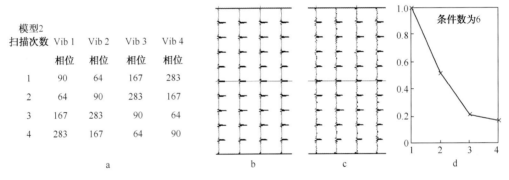

模型2				
扫描次数	Vib 1	Vib 2	Vib 3	Vib 4
	相位	相位	相位	相位
1	90	64	167	283
2	64	90	283	167
3	167	283	90	64
4	283	167	64	90

条件数为6

图 5－6　a 为模型 2 对应的相位编码表，相位单位为度；b 为没有噪声情况下采用相位编码 2
反演分离的结果；c 为信噪比为 1∶2 时采用相位编码 2 反演分离的结果；d 为可控震源
扫描信号矩阵特征值图（Stephen K. Chiu，2005）

模型 1 分离效果差是由于特征值重复，例如第二与第三个特征值大小相等（图 5－5d）。特征值重复暗示着两台震源彼此相关性大，这种情况数据分离不具备唯一性，两个震源的解是彼此最小平方线性估算值。这种情况下，在矩阵反演时数据中的噪声会引起大的变化。相反，模型 2，有四个不同的特征值和一个低的条件数（图 5－6d），可以给出更稳定的解并产生四个彼此独立的震源分离记录。专利资料表明，N 阶系数矩阵特征值有 N 个单根、条件数较小、E 的解越稳定。

Stephen K. Chiu 等采用与上述模拟相同的相位编码以及扫描参数开展了野外实际资料的试验。每台震源野外试验采用相同的 3D 排列接收：7 条接收线、每线 121 道、共记录 28 个记录（每个记录是多台震源同时激发、扫描一次的数据集）。图 5－7a 和图 5－7b 是（中等偏移距）分离后的单炮记录，记录的信噪比、同相轴的连续性表明利用模型 2 的相位编码分离后的效果比模型 1 的要好。

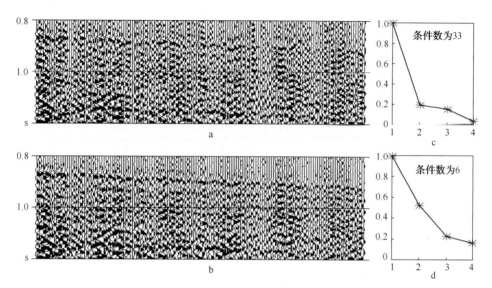

图 5-7 a 为与模型 1 用相同的相位编码表反演的记录；b 为与模型 2 用相同的相位编码表反演记录；
c 与 d 是震源扫描信号矩阵特征值图（Stephen K. Chiu, 2005）

相位编码是否合理是决定可控震源高保真地震勘探成败的关键。在野外生产之前的设计阶段，需要给出多组相位编码，通过计算条件数以及类似上面的正、反演模拟确定生产所要采用的几组相位编码。仅仅通过理论计算以及正、反演模拟也不能最终决定采用哪组相位编码，因为不同的工区、同一工区不同的地表条件，造成可控震源与大地系统非线性畸变不同，地面力信号相位与扫描信号相位也不完全相同。因此，在理论计算以及正、反演模拟的基础上，针对不同的地表条件的野外试验是十分必要的，只有通过野外试验才能最终正确选择合适的相位编码。

这里给出设计阶段选择相位编码的一般规则：至少保证一台可控震源扫描信号的相位不同于其他扫描信号的相位；同一可控震源不同次扫描应具有不同的相位。

求解公式（5-9）中的脉冲响应 E 的方法有很多，滤波法、高斯消去法、奇异值分解法等。C. E. Krohn 等人给出了滤波法，如果扫描次数多于震源台数，那么可以用最小平方法解方程。变换方程（5-9），得到

$$G^{-1}GE = G^{-1}S'$$ （5-11）

式中：G^{-1} 是 G 的逆，则 E 可用公式（5-12）求解，即

$$E = (G^{-1}G)^{-1}G^{-1}S'$$ （5-12）

实际应用时，与单台可控震源高保真资料处理相同，为了在高频、低频部分取得稳定的解，也需要在方程的分母中加上适当的噪声 ［公式（5-5）］。

笔者在 2009 年承担了东方地球物理公司相关科研项目，在项目研究中利用了奇异值分解法（SVD）求解矩阵方程（5-9），取得了较好的应用效果。可控震源系统本身以及可控震源—大地系统存在非线性畸变，导致下传到大地地面力信号与理想的扫描信号之间存在差别。如果可控震源系统本身以及可控震源—大地系统的非线性畸变比较严重，那么地面力信号也会发生严重的相位及振幅畸变。这样，即便设计了最好的相位编码，矩阵方程中的系数矩阵也会出现病态特征。奇异值分解法（SVD）能够较好地解决系数矩阵为病态时

矩阵方程的求解问题。奇异值分解法是一种常用的信号处理方法。矩阵的奇异值分解定理表明，若矩阵 G 是秩为 K 的 $m \times n$ 矩阵，则存在 $m \times m$ 正交矩阵 U，$n \times n$ 正交矩阵 V 和对角矩阵 D，满足

$$G = UDV^{\mathrm{T}} \tag{5-13}$$

称公式（5-13）为矩阵 G 的奇异值分解，称 D 的对角线上的元素为矩阵 G 的奇异值。把公式（5-13）代入公式（5-9），化简得到公式（5-14），即

$$E = U^{\mathrm{T}}D^{-1}VS' \tag{5-14}$$

可以看到，公式（5-14）等号右边的四个矩阵相乘就可以获得反射系数序列脉冲响应。由于正交矩阵乘以任何向量后不会改变其长度，因此正交矩阵参与运算时不会放大原来的误差，因此在运算公式（5-14）时，正交矩阵 U 和 V 对计算结果不会产生不利影响。D^{-1} 是对角矩阵 D 的逆，而 D 的对角元素奇异值具有稳定的性质，当矩阵 G 有误差时，对奇异值的影响不大。

假设地下存在两个波阻抗界面，使用两台可控震源同时激发，扫描次数为两次，扫描长度为 12s，记录长度为 4s，扫描频率是线性升频 8~84Hz。采用两组不同的相位编码：（0°，90°）和（90°，0°）。矩阵 G 的条件数为 1.0127，矩阵方程（5-9）是良态的。图 5-8 是合成的地震记录，其中每一道代表两台可控震源分别采用不同的相位编码同时激发后记录到的地震道。我们分别使用高斯消去法、奇异值分解法分离图 5-8 的数据。图 5-9a, b 分别是信噪比为 1:1 的情况下，分别采用高斯消去法、奇异值分解法获得的记录；图 5-9c, d 分别是信噪比为 1:2 时，分别采用高斯消去法、奇异值分解法获得的记录。可以看到，当矩阵是良态时，无论噪声是否存在，采用两种方法分离数据的结果差别不大。

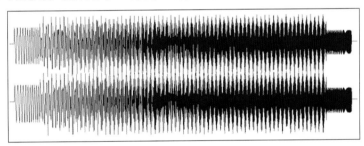

图 5-8　合成地震记录
两台可控震源采用不同的相位编码同时激发两次获得的合成地震记录

我们把上面模型中采用的相位编码改为（0°，90°）和（0°，99°），其他参数不变。此时矩阵 G 的条件数为 25.4623，方程（5-9）是病态的。我们利用高斯消去法以及奇异值分解法对第二个模型的合成记录进行数据分离。图 5-9e, f 分别是信噪比为 1:1 的情况下，分别采用高斯消去法、奇异值分解法获得的记录。图 5-9g, h 分别是信噪比为 1:2 时，分别采用高斯消去法、奇异值分解法获得的记录。可以看到，当矩阵是病态时，使用高斯消去法分离的效果比使用奇异值分解法的效果差。并且随着信噪比的降低，高斯消去法的效果越来越差，而奇异值分解法分离数据的效果是稳定的。由此可见，当系数矩阵 G 是病态时，采用奇异值分解法分解数据的效果是稳定的，失真度很小。

实际生产中系数矩阵 G 的每一项代表记录的地面力信号，地面力信号与理论设计的扫

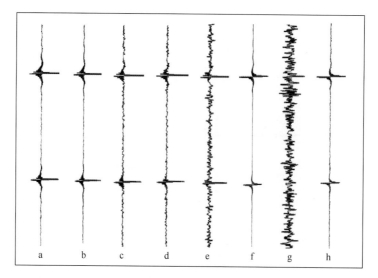

图 5-9　分别利用高斯消去法、奇异值分解法获得的单道记录

a，c，e，g 为利用高斯消去法获得的记录；b，d，f，h 为利用奇异值分解法获得的记录

描信号之间是有差别的，这一差别可能会导致系数矩阵 G 是病态的。系数矩阵 G 采用理论设计的扫描信号时是良态的，但是我们在计算反射系数时不用理论设计的扫描信号，目的是保证能够获得最接近地下实际情况的结果，因此我们采用地面力信号。采用地面力信号可能导致出现病态系数矩阵 G，这是一对矛盾的问题。理论模型证明，奇异值分解法很好地解决了这一矛盾。

在实际数据分离中需要提前做一些工作，如果原始数据中不包括力信号数据的话，需要按照桩号将相应的力信号数据插入到原始未相关的记录中。同时那些被废掉的炮数据也需要事先剔除掉。在剔除数据后，要确保几台震源几次扫描的记录是连续在一起的。只有在做了这些预处理之后，才可以对原始数据进行反褶积数据分离处理。

第四节　实例分析

一、高保真采集方法技术优势

自可控震源高保真采集方法（HFVS）提出以来，该项技术受到了广泛关注。先后在 VSP、二维地震勘探、三维地震勘探和多分量地震勘探中得到应用。总结多个项目 HFVS 技术使用情况结合 HFVS 数据分离的基本原理，使用 HFVS 技术主要有 5 个技术优势：

（1）可以得到高保真的可控震源地震数据，避免了扫描信号和相关噪声对相关法地震资料的影响；（2）地震记录分辨率高于相关法可控震源地震记录；（3）基本解决了可控震源初至时间难于拾取的问题，提高了初至时间拾取精度，从而提高了静校正精度；（4）压制了谐波干扰；（5）解决了同一项目震源与地面耦合差异问题。

二、国外应用实例简介

利比亚 Waha 石油公司的 Yilmaz Sakalhoglu 等（2009）介绍 HFVS 技术在 Dahra-Jofra 油

田三维地震勘探中的应用，三维项目由东方地球物理公司 0121 队承担，施工面积 1240km²，共 70 万炮。目的层深度为 0.5～0.8s。三维项目属于小面元、宽方位、高炮道密度的地震勘探项目，面元为 15m×15m，最高覆盖次数为 600 次，炮道密度达到 266.7 万道/km²。观测系统采用 23 线 3680 道接收。8 台可控震源分两组分别在 8 个炮点采用 HFVS 方法施工作业，扫描信号采用 6～96Hz 线性升频信号，扫描长度 24s。每组 4 台可控震源采用的相位编码如表 5－1。

表 5－1　同一组内 4 台可控震源不同扫描次数相位编码表

扫描次数	可控震源编号			
	1	2	3	4
1	180°	81°	60°	353°
2	81°	180°	353°	60°
3	60°	353°	180°	81°
4	353°	60°	81°	180

　　图 5－10a 是可控震源常规采集的数据，通过扫描信号与振动记录互相关获得的叠前时间偏移剖面。图 5－10b 是 HFVS 方法获得的三维地震叠前时间偏移剖面。利用 HFVS 方法的资料信噪比与分辨率都高于常规方法的资料，最关键的是 HFVS 方法获得的资料是保真的，能够比较客观反映地下地质与含油气情况，而常规采集方法获得的资料是相关处理的结果，资料包含扫描信号的影响和相关噪声的影响。

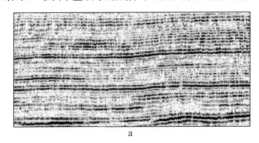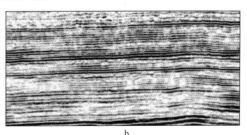

a　　　　　　　　　　　　　　　　b

图 5－10　可控震源相关法叠前时间偏移剖面（a）和 HFVS 方法获得的
叠前时间偏移剖面（b）（Yilmaz Sakalhoglu 等，2009）

三、吐哈盆地实例分析

　　笔者主持了 2009 年国内首次可控震源高保真二维地震采集野外试验，试验在中国西部吐哈盆地展开。试验目的是总结可控震源高保真采集技术野外施工方法，研究相关配套技术，验证数据分离方法的效果，为石油勘探开发储备技术。试验区地表是平坦戈壁滩（图 5－11），有利于可控震源施工。试验项目投入六台可控震源，其中四台震源同时采集地震数据，另外两台备用。扫描信号为 6～84Hz 线性升频扫描信号，扫描长度为 24s，记录长度为 6s，可控震源间距为 200m。由于试验区块地表耦合条件非常好，可控震源系统本身畸变较小，因此采用了与表 5－1 相同的相位编码。二维线试验（图 5－11 黄色箭头指示的红线）内容包括可控震源常规采集和可控震源 HFVS 方法采集。常规采集使用了单台可控震源激发方式，通过利用扫描信号与单台可控震源振动记录互相关运算获得地震单炮记录。HFVS 方法则采用四台可控震源分别在互相间距为 200m 的四个炮点扫描四次，最终通过 HFVS 数据分离获得地震单炮记录。由于两项试验内容最终获得的资料都是单台可控震源资料，因此具有很好的对比性。

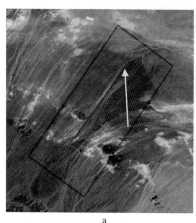

图 5－11　工区地表照片：试验区地表为平坦的戈壁滩

　　图 5－12a 是四台可控震源相距 200m 同时激发获得的振动记录，可以看到，分离前的振动记录波场非常复杂，无法分辨哪些是有效波、哪些是干扰波。图 5－12b 是利用 SVD 方法分离后的第二台可控震源对应的单炮记录。由于反褶积的结果是反射系数脉冲响应，为与炸药震源单炮记录相匹配，我们把反褶积数据加了最小相位子波，单炮记录信噪比较高、分离效果较好。由于试验工区面波能量很强，因此单炮记录还残存其他可控震源激发产生的面波干扰。

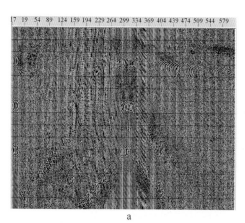
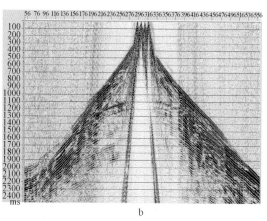

图 5－12　分离前的振动记录（a）和分离后的单炮记录（b）（第二台震源对应单炮记录）

　　图 5－13a 是单台可控震源常规方法获得的叠加剖面，叠加剖面使用的道集是通过扫描信号与振动记录互相关运算获得的；图 5－13b 是 HFVS 方法对应的叠加剖面，所使用的道集是通过地面力信号与振动记录反褶积运算获得的。显然，HFVS 方法对应的叠加剖面信

噪比高于常规相关法剖面，分辨率也高于相关法叠加剖面。两条剖面最主要的区别在于，相关法叠加剖面波组特征受扫描信号影响，含大量的相关旁瓣噪声；而 HFVS 方法叠加剖面基本消除了扫描信号的影响，也没有相关噪声，比较真实地反映了地震地质特征，资料是保真的。

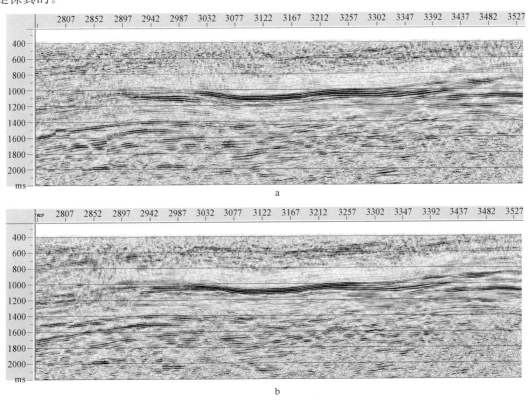

图 5-13　相关法对应的叠加剖面（a）和 HFVS 力信号反褶积法对应的叠加剖面（b）

在单台可控震源常规试验项目中，单独记录了可控震源的振动记录及其对应的地面力信号，目的之一是测试力信号反褶积方法对于压制谐波干扰的能力。图 5-14a 是利用扫描信号与振动记录相关法得到的单炮记录，可以看到红色椭圆内存在较强能量的谐波干扰。如果目的层的深度刚好与谐波干扰出现的位置重合，那么谐波干扰就有压制的必要。图 5-14b 是 HFVS 力信号反褶积方法得到的单炮记录，单炮记录上没有谐波出现。可见，使用力信号反褶积的 HFVS 方法不仅可以获得高保真的地震数据，同时也可以从根本上消除可控震源系统本身，可控震源—大地系统之间非线性畸变对地震资料的影响。从另一个角度讲，也可以消除同一项目震源与地面耦合差异问题。

HFVS 力信号反褶积方法的另一个优势是解决了可控震源初至时间难于拾取的问题，提高了初至时间拾取精度，提高了静校正精度。图 5-15a 是吐哈盆地 HFVS 试验用相关法得到的单炮记录（自动增益显示）。可以看到，单炮记录初至波受到相关旁瓣噪声的干扰，无法准确拾取初至时间，这将降低静校正反演精度。另一方面，初至波起跳不清晰，软件无法快速准确拾取初至时间，只能耗费大量的人工手动拾取，这样就延长了资料处理周期。图 5-15b 是 HFVS 力信号反褶积得到的单炮记录（自动增益显示），显然它的初至起跳较

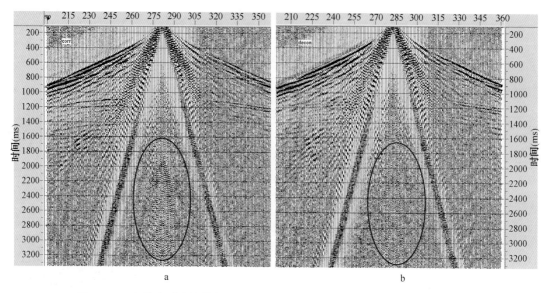

图 5-14　相关法对应的单炮记录（a）和力信号反褶积法对应的单炮记录（b）

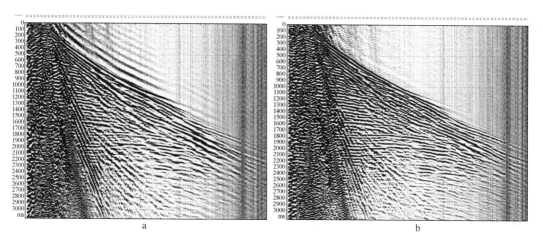

图 5-15　相关法获得的单炮记录（a）和 HFVS 力信号反褶积法对应的单炮记录（b）

清晰干脆，无论人工还是软件都能快速准确拾取初至时间，提高静校正反演精度，提高成像精度。

　　一般情况下 HFVS 技术野外施工时，每个激发点位置仅配置一台可控震源。但是如果目的层较深的情况下，仅凭借加大扫描信号扫描长度的方法提高激发能量，不能解决激发能量问题。那么在激发点位置使用多台可控震源组合的方式提高能量是否可行，我们也做了这方面的试验。试验中采用两台震源组合激发的方式，由于组内震源间距控制在 5m 范围内，因此地表的耦合条件基本相同，两台可控震源的地面力信号基本相同。因此，反褶积使用哪一台可控震源的力信号都是可以的。图 5-16a 是一台可控震源采用 HFVS 力信号反褶积得到的单炮记录，图 5-16 b 是两台可控震源组合，采用 HFVS 力信号反褶积得到的单炮记录。从 40～80Hz 分频显示可以看到，组合激发地震记录有效信号能量要高于单台激

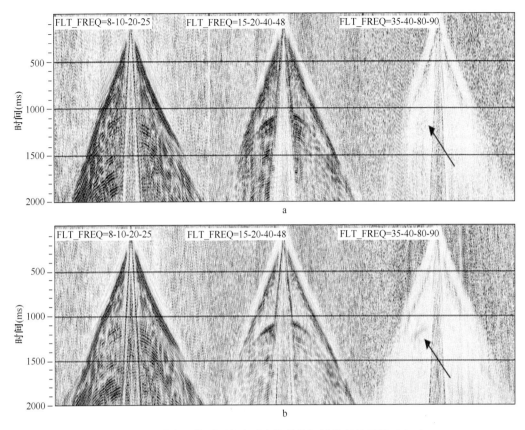

图 5－16 单台可控震源生产对应的单炮记录分频显示图（a）和
两台可控震源生产对应的单炮记录分频显示图（b）

发有效信号的能量（蓝色箭头位置）。图 5－17a 是单台震源激发对应的叠加剖面，图 5－17b 是两台震源组合激发对应的叠加剖面，后者的信噪比略高，反映的地质现象也更清楚（蓝色箭头）。

四、奇异值分解法应用实例

我们利用同一块三维地震数据，对比了奇异值分解法（SVD）与某公司其他方法分离数据的效果。图 5－18a 是利用东方地球物理公司 SVD 方法分离得到的单炮记录，图 5－18b 是国外公司分离的相同位置的单炮记录，两张记录分离效果相当。图 5－19a，b 分别是利用东方地球物理公司 SVD 方法分离的数据处理得到的叠加剖面和利用国外公司其他方法分离的数据处理后得到的叠加剖面，二者之间也没有本质的差异。图 5－20a，b 分别是利用东方地球物理公司 SVD 方法分离的数据处理得到的时间切片和利用国外公司其他方法分离的数据处理后得到的时间切片，二者之间仅仅存在细微的差别。这从另一方面证明了SVD 方法数据分离的效果是良好的。

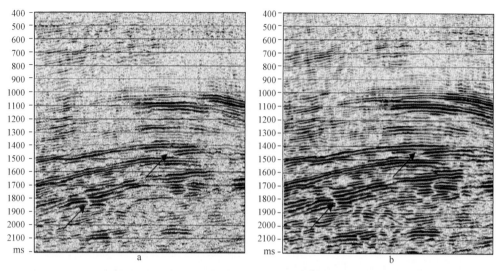

图 5-17　单台可控震源生产对应的叠加剖面（a）和两台可控震源生产对应的叠加剖面（b）

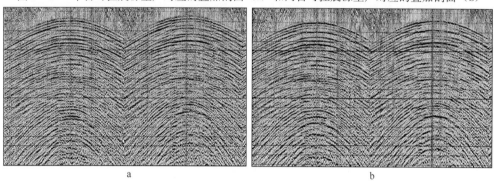

图 5-18　采用东方地球物理公司 SVD 方法分离的单炮记录（a）和国外公司分离的单炮记录（b）

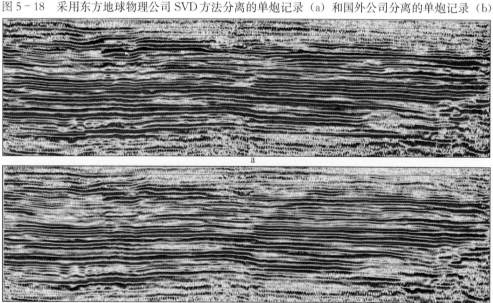

图 5-19　东方地球物理公司 SVD 方法分离的数据经处理后得到的叠加剖面（a）和
国外公司分离的数据经处理得到的叠加剖面（b）

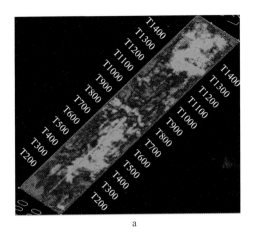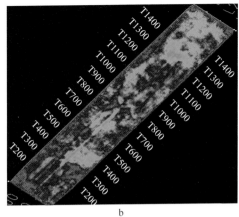

图 5 - 20　东方地球物理公司 SVD 方法分离的数据经处理后得到的时间切片（a）和
　　　　　国外公司分离的数据经处理得到的时间切片（b）

第六章 配套技术

可控震源地震勘探技术发展到今天，高效、高保真等新技术、新方法已经走向成熟。为保证高效、高保真技术能够顺利实施，需要相应的配套技术做支撑。实时通信、高精度定位及导航、连续记录、海量数据存储、实时质量监控等满足高效、高保真方法特点的配套技术是可控震源新技术、新方法成功实施必不可少的配套技术。

第一节 通 信 技 术

可控震源地震采集通信技术主要是指编码器与电控箱体之间的数据通信。编码器安装在仪器车上，电控箱体安装在可控震源车上，两者往往距离较远，因此编码器与电控箱体之间数据与指令传输采用无线传输方式。编码器通过无线电台把遥控参数装载到所有电控箱体上，同时向电控箱体发出震源同步启动指令、通过无线电台接收电控箱体发出的实时监控数据并进行实时质量控制等。电控箱体通过无线电台接收参数，进而生成连续振动信号，实现对振动信号相位与振幅的精确控制，产生精确的同步启动信号，形成实时质量控制报告并传输到编码器上。

无线电台多采用甚高频车载电台（指工作频率在 30～300MHz 范围内的电台）且工作频率一般在 136～174MHz 范围内。这一范围内的超短波只能在视距范围内传播，绕射能力很差，如果在山地或具有高大建筑物的区域使用，传输信息必须增配中继站，这样才能确保信息的传输效果。可控震源施工中传统无线通信是采用标准 VHF 车载电台，如 CDM1250、GM338、GM300、ICOM 车载台等，能够满足震源数量不多的单组或交替扫描。当采用两组震源以上施工时，震源数量增多，同时通信会产生冲突，这些电台不能满足要求。

为适应可控震源高效采集技术的需求，Inova 公司、Sercel 公司分别提供了解决高效采集通信问题的方案。通信技术在可控震源应用上的体现是和电控箱体匹配使用，本书仅仅简单介绍 Inova 公司在 VIB PRO 电控系统和 Sercel 公司在 VE464 电控系统中采用的通信技术。

一、VIB PRO 系统通信技术

VIB PRO 系统对所有无线电通信采用内装式 VIB PRO 调制器电路板对信号进行调制。在 VIB PRO 系统中所有无线电传输都采用相同的通信协议。在启动数据传输之前，电台的 PTT 连线进行 400ms 的数据传输。无线数据采用 3.1K 比特率传输，使用 MAMMING（加重平均）编码错误校正协议以提高数据传输的可靠性。启动码、PSS 数据和键盘参数装载构成 VIB PRO 系统无线传输的主要部分。GNSS 数据可由 VIB PRO 系统中内装调制器接收，但 GNSS 数据是通过外接电台通信电路板传输的。VIB PRO 系统当前有两种类型启动

码信息，且这些启动码可由编码器计算机程序生成。第1种类型启动码信息一般用于正常操作；第2种类型启动码信息用在当扫描信号被选定时传输 PSS 报告的情况下。这两种类型的启动码包括了以下数据信息：队号、扫描信号索引号、扫描信号方式（KOP 或 STORED）、可以启动的电控箱体号以及震源电台一致性检测 ON/OFF 开关。若单独某一台电控箱体丢失 PSS 报告，可以要求这台电控箱体重新传一次 PSS 报告。此外，启动码中还可包含或支持其他一些由地震数据记录仪器系统传出的信息。对应于下一次扫描振动的大线和采集站，第1种类型启动码所包含的信息有：文件号、SHOT PRO 爆炸机 ID 号、震源激发点 ID 号、大线号、采集站编号和位置站点号，而第2种类型启动码在扫描期间包含的信息有：震源的扫描索引号和对应于 PSS 报告的电控箱体号。VIB PRO 有多种 PSS 报告类型，内容包括震源状态、GNSS 数据、互相关信息等等。对应于 PSS 报告总的记录时间将由编码器、调返 PSS 报告类型以及所选定的要调返 PSS 报告电控箱体数目决定。需要调返 PSS 报告的电控箱体由每个启动码中的电控箱体 ID 号所决定。为了保证系统具有正确的时序，编码器应与电控箱体有着完全相同的 PSS 报告类型。每台电控箱体占用一个时间间隙回传它的 PSS 报告，电控箱体的 PSS 报告将根据它的 ID 号计算产生。例如，如果在启动码中只有一台电控箱体被选中，并且它的 ID 号为 32（最后一台电控箱体），则它的 PSS 报告回传将在第一个时间间隙内进行。

VIB PRO 系统允许将不同 RTCM 校正数据传输到震源上的 GNSS 接收机上。最经济的方法就是单电台频率模式。在这种模式下，编码器中的电台通信电路板（RCC）将用于传输 RTCM 校正码。电控箱体中内装调制器电路板则接收 RTCM 校正码数据并将它传输给 GNSS 接收机。若使用与仪器相同的电台和频率，电台通信电路板（RCC）将具有 GNSS 校正功能。"RADIO CONTROL" 信号可以使 RCC 传输 RTCM 校正数据。如果当编码器没有正在传送启动码或接收 GNSS 数据时，编码器可以使 "RADIO CONTROL" 连线使能。TTL 高电平信号使 RTCM 数据在此期间可以使能。RTCM 校正参数信息被分为若干块，每一块数据为 122.951ms 长。RTCM 数据开始传输的负载频信号大约为 200ms 长，紧随其后的就是数据块。如果 VIB PRO 编码器要想中断 RTCM 校正，可以使 RADIO CONTROL 信号变为低电平，此时，RCC 电路板将结束当前数据块的传输，然后停止数据传输。最大传输延迟等于最大数据长度，大约为 122.951ms。RADIO CONTROL 信号时间图如图 6-1 所示。

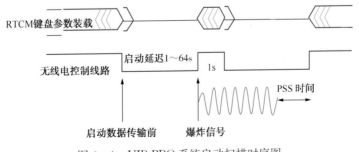

图 6-1　VIB PRO 系统启动扫描时序图

根据数据功能块将全部 KOP（键盘操作）装载参数分为扫描 1、扫描 2、……力控参数类、相位控制参数类等。可以将每个参数块视为独立的 KOP 装载参数信息。通过震源 ID

号有关信息，可以将 KOP 装载参数与进行电台信号传输操作联系起来。震源的 ID 号和队号将决定某台电控箱体接收 KOP 数据。如果电控箱体 ID 号没有在震源编号表中定义或列出，且队号不相符，电控箱体将不会进行 KOP 参数装载操作。

二、VE464 系统通信技术

SERCEL 公司 VE464 系统采用 TDMA 时分多址通信技术，是目前解决可控震源高效采集通信问题最成熟的技术之一。VE464 电控箱体虽然也支持模拟电台，但主要使用 TD-MA 电台完成通信工作。时分多址 TDMA 是把时间分割成周期性的帧（图 6-2），每一帧再分割成若干个时隙（无论帧或时隙都是互不重叠的），这里的每个时隙对应于一个信道，把 N 个通信设备接到一条公共的通道上，按一定的次序轮流地给各个设备分配一段使用通道的时间。当轮到某个设备时，这个设备与通道接通，执行操作。与此同时，其他设备与通道的联系均被切断。根据要传递信号的不同，时隙的种类也不同，系统会自动分配。每个 DPG 与 DSD 被分配给一个指定的时隙进行数据发送，DPG 和 DSD 使用其自己的时隙连续一个又一个快速传输。使得 DSD 只使用他们所需的频带的一部分而共享相同的频道，这样不像传统的无线电附带有几秒的延迟信息，而是在 DPG 和 DSD 中间实际上同时只用一个 TDMA 信息。每个时隙内包括一个同步保护周期，提高信息的保密性和接收定时参考。

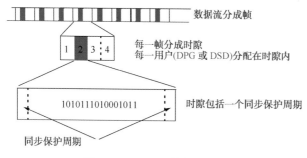

数据流分成帧
每一帧分成时隙
每一用户(DPG 或 DSD)分配在时隙内
时隙包括一个同步保护周期
同步保护周期

图 6-2　TDMA 帧结构示意图

VE464 控制系统先后匹配采用过 TracesTDMA 和 Raveon 两种 TDMA 电台。TracesTDMA 电台内置一个高精度的 GNSS 接收机，能够提供高精度的时钟信号去同步电台时钟并产生所需的时隙；后期采用的 Raveon 电台没有内置 GNSS 接收机，需要震源定位用的 GNSS 接收机为其提供时钟校正，这也为可控震源施工中选择 GNSS 接收机种类提供了更大的自由度。由于 TDMA 电台需要 GNSS 接收机为其提供准确授时才能工作，所以施工中在 GPS 卫星接收功能中断的情况下（如 GPS 天线被树林遮盖等），20s 后 TD-MA 电台就不能继续工作了，在 VE464 系统设计中，DSD 可以继续为 TDMA 电台提供 20min 时钟校正以确保继续工作。

时隙的建立：TDMA 单元需要一个"Open-type"时隙用于其数据通信功能。这一资源由 DPG 控制，然后 DPG 使用这个时隙广播信息到相同频道的 DSD。每一 DSD 解码 DPG 广播的信息，提供"Open-type"时隙码到它自己的 TDMA，然后为其自己的 TDMA 产生答应信息返回到 DPG。只有在做过"Vib fleet"指令操作后，每个流动站的 TDMA 和参考站的 TDMA 统一分配和控制各种时隙，才建立正常的通信。每个 DSD 的 TDMA 电台都接收无线电信息，但发送数据需要在自己的"Open-type"时隙进行。在使用震源局域网的情况下，只有定义为主车的 DSD 有开式"Open-type"时隙，因此主车 DSD 响应 DPG，本组内的其他 DSD 使用 WIFI 网络发送信息到主车 DSD，然后主车 DSD 中继传输到 DPG。这样可以减少时隙占用，提供通信效率（使用震源局域网时的 TDMA 数传过程见图 6-3）。

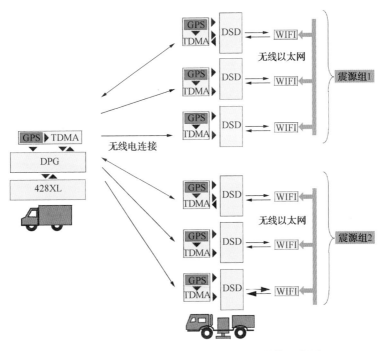

图 6-3 使用震源局域网时的 TDMA 数传示意图

可以用承担震源数据传输的 TDMA 电台来同时传输 DGPS 差分数据，这种情况下，与 DPG 连接的 TDMA 设备配制成参考站，与 DSD 连接的 TDMA 设备配置成流动站，流动站从参考站接收 DGPS 差分修正数据。DGPS 修正数据在 DPG 分配到基站的透明（TRAN-type）时隙内广播。分配到 DGPS 的透明型"TRAN-type"时隙会减少数据通信带宽以及稍微增加系统的响应时间（时隙分配示例见图 6-4）。

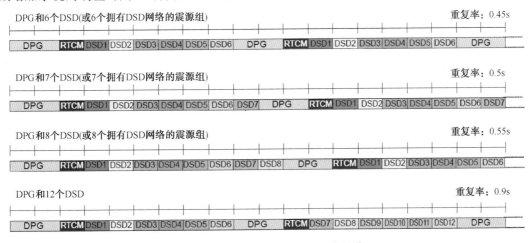

图 6-4 时隙分配示例（9600bit/s，有差分 GPS）

TDMA 电台完成一次 DPG 和所有 DSD 之间的通信所用的时间为 TDMA 的重复时间，该时间的长短与下列因素有关：TDMA 的波特率范围选择；与 TDMA 相连的 DSD 的台数（或使用震源局域网的 DSD 的组数）；是否传输 DGPS 差分校正；是否压缩使用的 DGPS 校正数据；是否使用震源定位跟踪功能。重复时间的长短直接决定着可控震源的生产效率，特别是在需要投入十几组可控震源的高效采集中，就需要尽量缩短这个时间，目前可以采用一个 DPG 同时安装两个 TDMA 基站来解决这个问题，既两个基站对应两个频率，同时控制自己组内的震源。

第二节　定位及导航技术

一、定位技术

在可控震源地震勘探施工中，对可控震源激发点位置质量监控、确保激发点位置精确，以及可控震源高效施工模式下需要整个野外地震采集系统能利用可控震源的激发点位自动有序、高效施工的需求，推动了全球导航卫星系统（GNSS）技术在可控震源上的探索应用，形成了独特的可控震源定位及导航技术。目前世界上主要的全球卫星导航系统（GNSS）包括美国的 GPS、俄罗斯的 GLONASS、中国的 Compass 和欧盟的 Galileo。其中，美国的 GPS 和俄罗斯的 GLONASS 是应用最广泛的两个全球导航系统，中国的北斗系统处于快速发展中，于 2012 年 12 月 27 日正式向亚太大部分地区提供连续无源定位、导航、授时等服务。

使用可控震源定位技术，需要在每台可控震源上安装一台 GNSS 接收机，GNSS 接收天线安装在震源平板的正上方，实时获得震源平板中心的位置，GNSS 接收机解算的震源平板位置信息传送给震源电控箱体，由电控箱体将该信息打包无线传送给地震仪器进行质量监控或用于自动启动采集。随着可控震源高效采集方法的进步，还需要 GNSS 接收机给震源电控箱体提供准确的授时，以提高可控震源启动同步精度和采用统一卫星时间来同步地震数据。可控震源施工过程中，要求 GNSS 接收机为震源箱体提供连续稳定的位置信息和时间信息，来保证地震采集工作的有效性和连续性，卫星信号的中断将意味着采集施工的中断或者成果的废弃。因此，可控震源施工对 GNSS 接收机的稳定性和精度都有着较高的要求。

目前，在可控震源施工中，应用最广泛的卫星定位技术为 DGPS 差分定位技术和星站差分定位技术。

差分定位主要包括 RTK 定位和 RTD 定位。RTK 实时载波动态差分定位方法，是目前使用最广泛的一种 GNSS 测量方法，RTK 是在短距离内（一般小于 15km）能够在野外实时得到厘米级定位精度的测量方法。RTD 为伪距差分定位技术，定位精度较低，一般为米级。使用差分定位技术所需设备包括基准站、数据电台和流动站。震源上使用该技术时除需要在每台可控震源上安装一台 GNSS 接收机、GNSS 天线及附件作为流动站外，还需要在震源施工线附近的一个已知点上安放一个 GNSS 基准站和数据电台，GNSS 基准站接收卫星信号实时计算该点的坐标，通过与已置入的已知坐标信息比较求得实时差分改正值，将计算出的该实时差分改正值通过数据电台发送给震源上的 GNSS 接收机，震源 GNSS 接收机利用该差分改正值修正本机接收到的坐标信息以提高定位精度，然后将修正过的高精度坐标信息传送给震源电控箱体，再由震源电控箱体发送到仪器（图 6-5）。

目前商用的星站差分定位技术主要为 OmniStar，OmniStar 在全球超过 100 个已知点上连续地监测所有的 GNSS 卫星信号。OmniStar 使用一些环绕地球的同步商业卫星来完成这

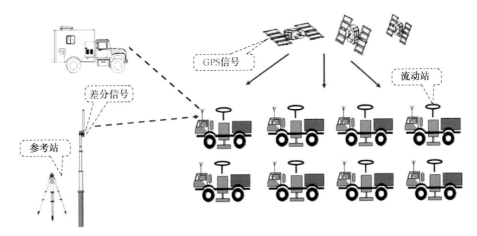

图 6 - 5　可控震源 DGPS 工作示意图

个工作，改正数据以一种被所有的 GNSS 接收机认同的标准 RTCM - 104 格式进行传播，对用户而言相当于半实时差分 GNSS 测量。OmniStar 提供三种精度的差分定位服务，分别为 VBS、HP 和 XP。用户要接收 OmniStra 的差分信号，必须有一台能接收改正数据的接收机，同时向 OmniStar 公司申请信号服务并支付一定的信号服务费。目前在中国地区，可接收到 VBS 和 XP 两种服务信号。可控震源安装采用星站差分定位技术的 GNSS 接收机时，就不需要在自行架设基准站和数据电台，也就避免了 DGPS 差分定位模式下基准站数据传输受地面障碍物影响的问题，非常适合沙漠、山地、丛林等无线信号传输困难的施工地区应用，也适合安保风险高的地区。缺点是采用星站差分定位技术的每台 GNSS 接收机都要按开通星站差分服务的时间支付信号服务费，在大量震源作业时费用很高。

二、导航技术

高密度地震勘探逐渐成为主流技术，伴随这项技术，野外激发点密度越来越高。为了减少测量炮点放样环节，节约放样标志材料，无桩号放炮方法逐渐被采纳。无桩号施工往往伴随着无推路施工，减少推土机推路工作量，节约成本利于环保。可控震源无桩号放炮是将震源放炮和炮点野外放样合二为一，需要可控震源导航技术，并要求震源 GPS 有足够的精度和稳定性，现在常用的是双频 RTK。采用无桩号放炮时，现场施工震点位置不需要作任何桩号标志，只需要设计的激发点文件装入震源导航系统，震源导航系统使用图形引导显示辅助司机工作，引导每一台震源到下一个要振动的震点。目前可控震源应用的导航产品有以下四种。

（1）Sercel 公司的 Guidence 导航设备。主机是一部 Geneural Dynamics 平板电脑，有两种炮点导航模式。第一种是 428 模式，震源炮点位置命令从 428XL 服务器传给 DPG，DPG 再把那些震源炮点位置通过无线电传给每一组当中的 DSD，这样就会在震源驾驶室里显示一个图形导航界面，这个界面将帮助震源司机找到震源炮点位置。第二种是 SPS 模式，可以从本地安装炮点的 SPS 文件，在与 428 服务器脱机的情况下，通过手动点击炮点、自动寻找最近炮点等方式进行炮点的导航。Guidence 导航设备可以进行白天和夜晚模式的切换、支持多台可控震源同组进行施工。

（2）英洛瓦公司推出的 Connex 设备。2012 年陆续开始在东方地球物理公司国内探区进行试验和施工。Connex 系统把以前版本的 VSS 可控震源输出信号记录功能、导航功能、QC 数据记录功能和无线网络适配器功能集成在了一起，这样就易于进行相关数据的提取、处理和总结。它的主要作用是根据安装到 Connex 导航软件里面 SPS 文件，进行炮点导航，同时它还能够保存 VIB PRO 箱体输出的 PSS 报告和可控震源输出的真参考、力信号等。Connex 在导航方面的主要特点是：Connex 多功能状态更容易检查；具有多种自动导航方式，其中包括按 near（自动寻找最近炮点）模式、线模式（按照炮表）和自定义模式三种模式；可以对各组可控震源施工轨迹进行统计。

（3）东方地球物理公司的 DSG 设备。它是东方地球物理公司自主研发的 DSS（DIGITAL－SEIS）系统中的激发单元，它的主要优势是通过系统中的 DSC（指挥室控制中心）和 DSG 之间的通信和信息互传，提供实时任务分配及调度，指挥室可根据每台震源作业区域地形情况、作业进展情况、震源自身状态等因素，随时调整该台震源的任务区域，实时发送给震源，以达到最佳的生产效率。同时比较突出的一个特点是，它可以事后调取炮点的可控震源振动质量信息，这些质量信息包含放炮偏移状态和 QC 质量监控（图 6－6）。

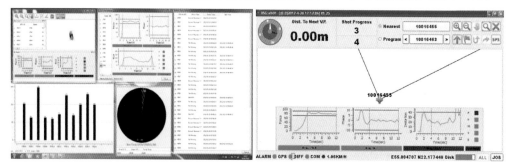

图 6－6　DSC 获取的可控震源质量控制信息示意图

（4）VNS1100 震源导航系统。它是由东方地球物理公司自主研发制造的，包括震源导航软件及震源 GNSS 接收机两部分。VNS1100 震源导航系统功能特点：震源 GNSS 接收机采用双星 OEM 板卡，提高系统定位稳定性和可靠性；震源接收机内部电台支持测量行业主流电台协议；RTK 定位支持电台、网络、VRS 等多种模式；利用蓝牙技术进行导航定位数据的传输，减少了设备线缆数量，方便安装和使用；可配套目前各主流型号箱体进行施工作业（VE464、VibPro）；可视化导航软件操作简便灵活，声音提示到点、到点标识明显、自动跳点，无需手动操作；利用 Linux 与 Windows 数据传输共享技术，使用系统控制平台实时采集和记录可控震源箱体输出的特征信号文件。室内数据处理采用 SSOffice 软件，为无桩号施工提供高精度高可靠性点位成果，实现内外业采集和数据处理一体化。

第三节　源驱动技术

一、源驱动技术及技术优势

源驱动技术是实现可控震源高效采集必不可少的关键技术之一。源驱动技术英文原文为"Navigation‑driven mode"或者"Source driven"技术，即导航驱动或源驱动模式，它依托于可控震源安装无线路由器和GPS等辅助设备来实现。即在一组可控震源中，给每台可控震源电控箱体安装一个专用的无线路由器和高频电台，在该组震源之间建立起一个无线局域网。选择一台主车，当主车震源的平板放下后，在震源无线局域网络（或高频电台）的作用下，主车震源自动询问本组其他震源的平板状态及当前每台震源的GPS坐标值，并计算出这组震源的组合中心COG（Center of gravity），然后把这些信息连同Ready信号送到地震采集仪器。地震采集仪器从炮表里面自动选择与其相匹配的震源炮点，也就是距离可控震源COG坐标最近的炮点，自动启动采集。

源驱动技术可以应用到任何震源组合施工方式，尤其在滑动扫描、DSSS等方法使用中是必不可少的。滑动扫描施工中，当超过设定的滑动时间后，地震采集仪器会自动查询收到了哪组震源的Ready信号和COG，或者地震采集仪器自动接收可控震源发过来的Ready信号，若收到了表明该组震源到位并准备好了，随即自动启动该组震源扫描；如没有收到，地震采集仪器继续等待。这样可以使每组可控震源之间的采集间隔可以是任意的（大于滑动时间），并且每组可控震源的作业顺序是任意的，即先到的先振。确保了多套可控震源滑动扫描施工中各组可控震源有序、连续地工作。源驱动是地震采集仪器根据回传的炮点坐标信息，自动从导入的SPS文件里寻找最近的炮点，而不需要地震采集仪器操作员去根据震源的停点从炮点列表里寻找对应的炮点，这些过程都是自动进行，排除了人的因素，节省了操作时间。对于应用多组震源进行三维施工，要求地震采集仪器操作员长时间手动寻找震源施工的炮点，并保持施工高效和炮点信息的准确几乎是不可能的事情。所以在这种施工方式下，必须使用可控震源源驱动技术。

二、源驱动技术对设备的要求

使用源驱动技术，电控系统及其附件、地震采集系统需要满足以下条件：可控震源能够把表达已经到达激发点且平板已放置好的信号传递给可控震源电控箱体；可控震源上需要有较准确的定位设备；不同可控震源之间能够进行数据通信；可控震源电控系统具有进行震源与仪器间通信、采集GPS位置信息和计算组合中心（对于多台震源一组）通信、以及把组合中心反馈给地震采集仪器的能力；地震采集仪器必须与可控震源电控箱体是相匹配的，即具有能够接收或主动问询电控箱体发送的可控震源状态信息和位置信息等功能；同时也要具有进行接收到的坐标转换以及从炮表列表中根据位置信息检索炮点的功能。对于后两项条件，其功能是模块化的集中在可控震源电控箱体和地震采集仪器上，不需要什么特殊的设备，但对于前三项条件一般需要压力开关、精度较高的可控震源GNSS接收设备以及无线网络。

无线网络的作用是通过在每台震源上安装一个无线网络适配器，再把适配器设在同一个IP地址号段上，把同组的可控震源设成一个局域网，进行震源状态和GPS位置的通信。无线网络应用于源驱动的数据链传输见图6‑7。但对于每一组震源中只有一台可控震源的情况下，源驱动施工可以不安装无线网络硬件设备。

实现源驱动的另一个必要环节是地震采集仪器的相关设置，首先地震采集仪器必须支持可控震源源驱动采集，同时仪器必须与可控震源电控箱体是相匹配的，还需要进行一些必要的设置，不同的仪器设置不尽相同，可以通过操作手册进行查找，这里不做详细介绍。

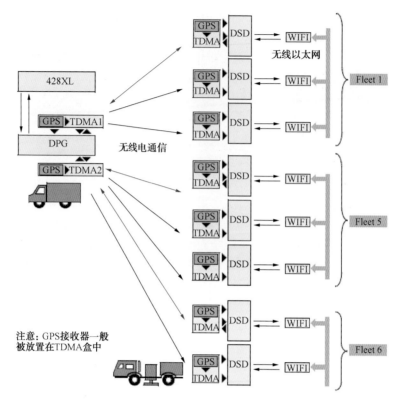

图6-7　无线网络应用于源驱动的数据链传输图

第四节　仪器记录系统及相关设备

可控震源常规地震采集方法对仪器记录系统及相关设备的要求基本与炸药震源地震采集方法的要求相当，但是如果采用可控震源高效地震采集技术，那么对仪器记录系统及相关设备有一些特殊要求。这些要求随着可控震源新技术的推广使用也必将成为常规要求。相关设备是指可控震源系统、测量装备、海量数据存储及处理设备等。其中可控震源系统在第一章中做过详细介绍，测量设备也在介绍导航及定位技术时做过简单说明，因此本节中不做进一步介绍。

一、仪器记录系统

常规地震采集方法在放炮时，当前一炮点完成激发、数据记录之后，必须等待仪器操作工程师发出下一炮的触发指令才能完成下一炮的激发生产、记录工作，不同炮之间存在等待时间。常规地震采集方法很难突破每天上千炮的施工效率。但采用可控震源高效采集技术每天达到数千炮乃至上万炮的施工效率都是正常的，超高的施工效率是可控震源高效采集最重要的特点之一。如何保障超高的施工效率，这就要求仪器记录系统具有"连续记录"或"不间断记录"的能力，高效采集技术可以说是"不间断数据采集技术"。为保证施工效率，仪器记录系统必须具有较高的数据传输与处理能力、超大的带道能力，需要具有上万道、十万道甚至具有上百万道的带道能力；仪器记录系统还必须具有管理超级大排列的能力与质量控制系统（如 SQC 等）。当然，系统的稳定可靠性是对仪器最基本的要求。

法国 Sercel 公司在 2005 年推出的 428XL 仪器系统具有较高的数据传输与处理能力和超大的带道能力。428XL 系统与 428UL 系统都采用 TCP/IP 传输控制协议，但是前者传输速率达到了 100Mb/s，一条交叉线能够实时传输与处理 10000 道、2ms 采样的地震数据，如果多台主机联合使用，那么可以实现实时带道能力 100000 道、2ms 采样。当选择"微地震"采集模式并采用 GPS 时钟就可以实现连续记录，完成滑动扫描、ISS 扫描、DS³ 扫描。2011 年在 SEG 年会中 Sercel 公司最新推出了 428XL－G 系统，这种仪器的光缆传输率为 1GHz，使得 LCI 和交叉站的管理能力达到 100000 道，整个系统通过积木式管理，理论上达 1000000 道。目前的难点仍然是后台的数据合成和记录，这套系统选择了 HP 加强型工作站作为主机服务器，使主机系统的实时管理能力达 200000 道。这一系统的发布，为今后超过 200000 道的可控震源高效采集提供了可能。另一方面，428XL 仪器系统无线采集站 LAUR（Line Acquisition Unit Remote）和无线中继站 LRU（Line Remote Unit）能够满足了 HFVS 对采集设备的需求。安装在可控震源车上的 LAUR 可以将每台震源的运动信号（包括震源的参考信号、地面力信号、重锤信号和平板信号）通过无线方式实时传递给 LRU 进行接收并最终记录到中央记录单元。一般地，有线仪器系统都有主机同外部设备相连，起到实时监控设备状态及原始资料质量的作用。

美国 Fairfield 公司于 2005 年最先推出了 ZLAND 节点仪器，准确地说是无线单点仪器。ZLAND 节点把采集站、检波器、GPS 定位系统、电源等等固化到一个圆柱形装置中，不需要数据传输线把地震数据适时传送到仪器主机中，ZLAND 系统也没有通常意义的仪器主机。ZLAND 节点可以连续记录地震数据并把地震数据直接存储到节点内存中，连续采集地震数据数天以后，再把节点回收到仪器车中，安放到数据回收车上，在回收车中收集数据的同时完成节点的充电作业，回收的数据直接传输到处理工作站中，在处理工作站中实现数据的整理与处理。ZLAND 节点系统没有道数的概念，理论上可以扩展到无限多道；没有仪器主机、没有通常意义的数据传输线、采集站、电源站、交叉站、没有小线等（图 6-8），是一个具有无限扩展而且轻便、适合任何地形状况的地面采集设备。无线节点仪器更能够满足可控震源高效采集方法的需要，代表了技术发展的方向。

满足可控震源高效、高保真数据采集技术的仪器系统还有很多，如 Inova 公司的 SCORPION、G3I 等，读者可以查询相关公司网站进一步获取感兴趣的资料信息。

二、数据存储与现场处理设备

常规可控震源施工效率低，一般日效率不超过一千炮，采用中低容量的磁带存储设备就能满足要求。而采用 ISS、DS³、V1 等高效可控震源采集方法进行施工时，平均日效率可达到上万炮，每天将产生超过 1TB 以上的数据，因此对数据的存储及格式转换提出了很高的要求。无论从容量上还是存储效率上，中低容量的磁带不能满足要求。另一方面高容量磁带机对环境要求高、不利于文件的快速转存及现场质量控制，因此也不适合野外使用。目前，可控震源高效采集一般采用磁盘作为存储设备，磁盘同磁带相比有如下优势：容量大，一般 300GB 或更高；连接方便，传输速度快；对外部环境要求低，适合野外使用；文件查找方便，利于现场质量监控；稳定性好。高效采集一般在野外选择磁盘存储地震数据，

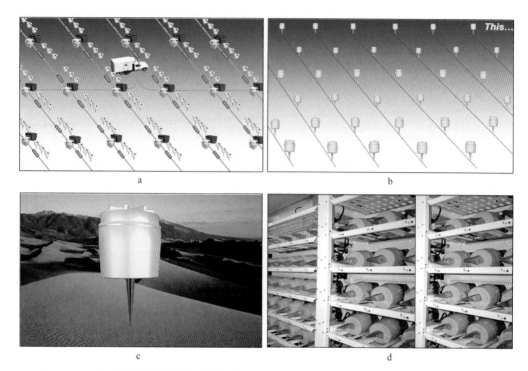

图6-8　a为常规有线仪器野外观测系统布设示意图；b为ZLAND无线节点仪器野外观测
系统布设示意图；c为ZLAND节点；d为ZLAND系统采集与充电设备车内部照片

室内转录到高容量的磁带上来进行备份保存。

　　不同项目采用的仪器系统不同，高效采集方法原始数据输出格式略有不同，因此需要承包商在野外完成原始数据的采集、整理以及格式转换工作，这就需要根据具体项目特点编写相应的格式转换软件，备份完原始数据的同时也必须完成通用格式的转化，这样可以节省时间、尽早提供给资料处理人员。

　　台式工作站不能满足可控震源高效采集海量数据现场处理的需求，因此建议配备小型PC - Cluster并行计算机群，内存及存储空间容量的选择必须考虑采集方法。配备能够满足不同采集方法数据处理要求的软件也是必须考虑的问题。目前，东方地球物理公司的Geo-east处理系统基本上填补了这方面的空白。

第五节　现场质量监控技术

一、日检

　　可控震源常规采集方法要求对当日首炮排列进行测试，而且要求的合格率非常高，甚至是100％。而可控震源高效采集要求排列上的采集站和检波器在每天参与接收前必须要做日检测试，但合格率不要求一定达到100％，只要在规定的标准范围内就可以施工。在日检中发现的问题要在规定的炮数内完成整改，并在班报中备注清楚。这种日检方式同样对所有参与工作的采集站和检波器都起到了监控作用，而且更有利于高效采集施工。

二、激发点位的控制

可控震源高效采集要求采用 DGPS 实时定位每台震源的坐标，不再要求野外技术人员通过近炮点接收道初至判断炮点位置。每天采集前必须对每台震源的 DGPS 精度进行检查，平面坐标误差在 1m 之内方可投入施工生产；实时监控震源组合中心的点位与设计平面误差必须控制在标准规定的范围之内，如果由于特殊原因误差超出规定范围，一般要求测量组测量实际点位。如果因为特殊原因震源 DGPS 系统无法正常工作，在有一定措施保障下（如测量组带点）并经甲方监督许可可以进行施工，如果现场可以得到单炮记录，要利用现场质量监控系统对每个震点进行检查（利用初至波曲线判定点位）。

三、对记录质量的实时分析

传统地震采集要求每炮都要全部或部分回放监视记录，高效采集每天放炮数量多，并且采用超级排列，如果沿用传统记录回放方式，回放速度远低于生产速度，达不到实时监控的目的。所以一般可根据生产效率确定回放部分排列；利用质量控制系统（如 Sercel 的 ESQC‑PRO）对炮集记录进行分析。如果质量控制系统能准确无误地监控每一炮，可考虑取消或适当减少纸记录的回放；对于需要在室内进行数据分离的可控震源施工采集方法（例如 HFVS、ISS），现场重点分析激发的能量和噪声水平，取消纸记录的现场回放。图 6‑9 是 ESQC‑PRO 质量控制系统对辅助道检查和不正常道监控，并对激发点位、能量、频率等进行分析，分析结果提供给工程师用来参考评价记录。

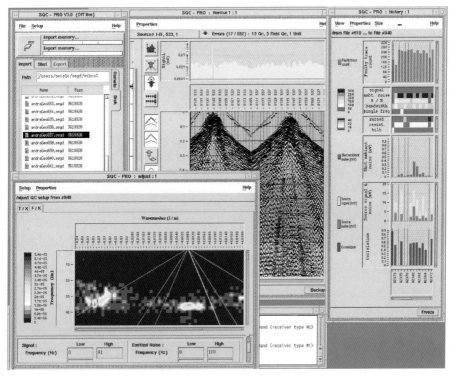

图 6‑9　ESQC‑PRO 质量控制系统对炮集记录能量、频率、噪声等分析示意图

四、仪器工作状态、震源工作状态的实时监控

对仪器工作状态及可控震源工作状态的实时监控是保障高效采集方法施工质量最为关键的工作，尤其对一些无法实时看到炮集或道集记录的施工方法，过程可控则施工质量可控。

对仪器和震源工作状态的监控主要依靠仪器和震源质量监控软件来完成，需要达到对每一接收道和震源每一次扫描的实时监控（图 6-10、图 6-11）。

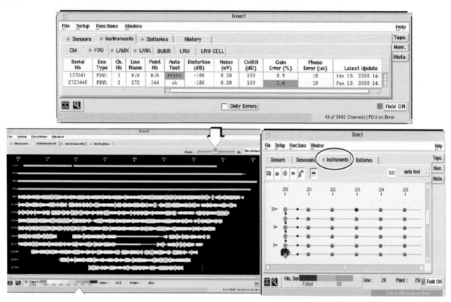

图 6-10 Sercel 仪器对接收排列实时监控展示

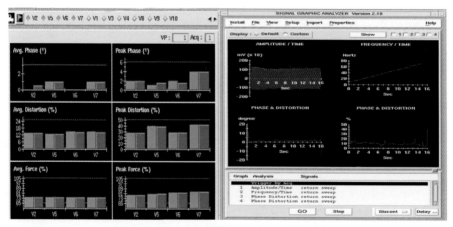

图 6-11 Sercel 对震源工作状态实时监控展示

五、高效采集辅助质量监控

在进行可控震源高效采集过程中，现场质量控制非常重要。不同仪器系统、不同公司为质量控制配备了丰富的软件系统，这些软件各自具有不同的特点，但是基本上都是对采样率、记录长度、接收排列、检波器串道、辅助道、滑动扫描时间间隔等进行实时监控，从而在出现异常时能够及时提示仪器操作员，达到辅助质量监控的目的。

第七章 技术发展趋势

可控震源地震勘探在国外已经大范围、大面积使用，无论是农田、草原、戈壁滩还是沙漠、城区、丘陵，只要能够通行就可使用可控震源作为地震勘探的激发源。我国使用可控震源的范围主要局限在山前带戈壁滩、火成岩出露的草原区、个别城区。由于可控震源地震勘探符合安全、环保的要求，因此它在国内具有良好的应用前景。分析可控震源在国内应用存在的问题，主要在于同炸药震源资料相比，可控震源资料中浅层分辨率较低、不能满足高精度地震勘探要求。近10年来，随着可控震源新技术的发展，可控震源地震勘探技术逐步能够满足高精度油气勘探的需求。其中，可控震源低频勘探技术，大吨位可控震源勘探方法，高效、高保真可控震源地震勘探技术是未来可控震源地震勘探技术发展的方向。

第一节 低频勘探技术

一、低频信息的应用

地震资料低频信息在油气藏勘探开发领域发挥了重要作用，利用低频信息可以提高深部地层资料的信噪比，可以直接用于检测油气信息，通过扩展低频信息可以拓宽地震资料相对频宽，改善相关子波形态，提高地震资料的分辨率。近年来，逐渐走向工业化生产的全波形反演技术（FWI）要求必须要有低频信息。

佘德平等（2007）指出，与高频信号相比，低频信号具有较强的抗衰减和抗散射能力，因此含有更多的深层信息。保护好低频信号就保护好了来自深层的信息，特别是深层弱信号，如强噪背景下的深层弱反射、储层内部油水界面等信息。何诚等（2008）指出，当地层中富含油气时，由于弹性系数、阻尼系数、密度、速度发生大的变化，其固有频率显著改变。固有频率的改变，表现在低频段上为"低频共振能量增强、高频能量减弱"的现象。也就是地震勘探上常说的"亮点"现象和"低频阴影"现象。利用这个原理就可以直接用来检测油气。陈学华、贺振华（2009）等认为，低频阴影是直接位于油气储层下方的强能量瞬时低频率区域，是直接指示油气储层的几种重要属性之一。形成低频阴影现象主要原因有两个：（1）与叠加有关，错误的叠加会降低视频率；（2）与非叠加有关，源于地震波的固有衰减（如油气藏的低 Q）、油气顶底界面的多次反射引起的高反射振幅、反褶积处理引入的低频波尾等都会造成低频阴影。

图7-1是陈学华等从同一资料三维瞬时振幅谱数据体中抽取的等时切片，图中每一频率对应的左列是穿过油气储层的切片，右列是其下延50ms处的切片。当频率为8Hz时（图7-1a），左边切片中油气储层的能量很强（图中已圈注），右边的切片则显示了很明显的低频阴影，且能量强于左边对应的切片；当频率增至18Hz（图7-1b）时，右边切片的低频阴影仍然存在；在图7-1c，d，e中，随着频率继续增高，右边切片中的低频阴影逐

渐消失；在各频率的瞬时谱切片中，左边的切片一直可见表征储层分布的强能量，且能量随频率增高相对增大。

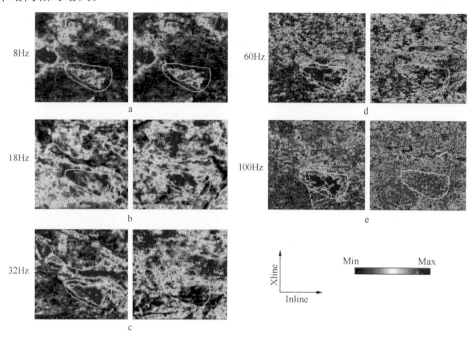

图7-1　能够刻画三维数据几何体属性特征的时间切片（陈学华等，2009）

使用低频信号直接检测油气富集情况的实例很多，这里不再一一列举。信号处理理论告诉我们，信号的相对频宽决定了地震资料的分辨能力。在地震波的最低频率不变的情况下，可以通过提高高频信号来拓展相对频宽，提高地震资料的分辨率。但是大量的试验证明，提高地震勘探激发源的高频信息能力是有限的，即便高频提升幅度很大，也很难拓展相对频宽。例如，信号的绝对频宽为8～64Hz，相对频宽为3个倍频程，如果想要再提高高频信息就需再提高1个倍频程，高频信息必须达到128Hz，这对于野外使用的激发源来说几乎是难以做到的。但是如果能够拓展低频信息来拓宽倍频程，例如把低频信息降到4Hz，那么也可以得到4个倍频程的数据。对于可控震源来讲，降低扫描信号的最低频率是现实可行的。

目前多数可控震源标定的低频极限一般是6Hz，可控震源机械结构以及液压系统流量能力决定了最低频率。有两种方法可以降低扫描信号最低频率：（1）利用现有的可控震源设备，通过数学手段设计现有可控震源系统本身能够承受的低频信号，突破可控震源出厂标定的最低频率限制，实现降低扫描信号最低频率的目的。业内称这一技术为常规可控震源扩展低频信号设计技术。（2）改进现有的可控震源机械和液压系统，使之能够激发低频信号，这种可控震源叫做低频可控震源。

二、常规可控震源扩展低频信号设计技术

Jeffryes和Martin（2006）开发了一种加强可控震源采集低频成分的扫描方法，即在标准的扫描基础上合成一个低振幅和低频的扫描。Bagaini和Timothy Dean（2008）提出了

"最大行程扫描法（MD）"设计低频扫描信号的方法，该方法以被广泛接收的 Sallas 模型为基础。根据 Sallas 模型的等效电路模型，在不超过可控震源重锤的最大行程时，优化可控震源对出力功率谱密度的要求，该方法尽可能不依赖于近地表的弹性特性，只需输入制造商提供的可控震源典型的技术指标和地球物理勘探需要的地面力功率密度。图 7－2a 是 80000lb 可控震源分别使用线性扫描（Linear sweep：绿色）及最大行程扫描（MD：蓝色）地面力信号对应的功率谱密度曲线，可以看到使用最大行程扫描法的确降低了激发频率。图 7－2b，c 分别是使用线性扫描和最大行程扫描地面力信号对应的时频谱，同样可以看到使用最大行程扫描降低了激发频率。图 7－3a 为使用线性扫描（5～80Hz，16s）得到的 CMP 叠加剖面；图 7－3b 为使用最大行程扫描法得到的 CMP 叠加剖面。后者深层资料信噪比有一定的提高。2009 年 Peter Maxwell 和 John Gibson 等设计了一种可增加低频能量的伪随机扫描信号，认为该扫描信号比其他方法设计的低频信号出力更好。

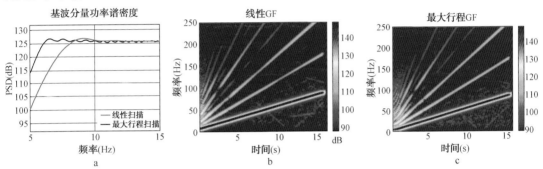

图 7－2　a 为线性扫描（绿色）、最大行程扫描（蓝色）地面力信号功率谱密度曲线；b 为线性扫描地面力信号时频谱；c 为最大行程扫描地面力信号时频谱（Bagaini 等，2008）

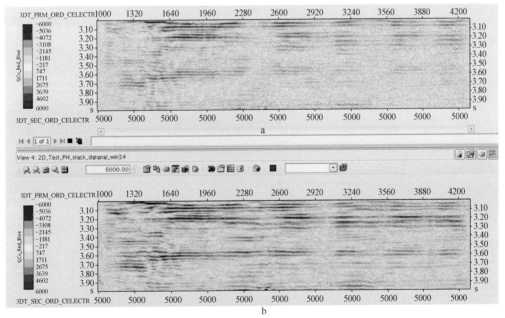

图 7－3　a 为使用线性扫描（5～80Hz，16s）得到的 CMP 叠加剖面；b 为使用最大行程扫描法得到的 CMP 叠加剖面（Bagaini 等，2008）

利用常规可控震源设计小于6Hz的低频信号，必须考虑可控震源液压流量及重锤行程对低于6Hz低频信号峰值出力的限制，突破这一限制会严重影响可控震源机械系统及液压系统的稳定性，甚至造成损坏。某型号可控震源振动泵液压流量、重锤行程对低频信号峰值出力的限制可以分别用公式（7－1）及公式（7－2）表示，即

$$F_p = 9.87 M_r f_L L_p / A_p \tag{7-1}$$

式中：F_p 代表激发某瞬时低频频率成分时，振动泵能够达到的最大液压流量对应的出力大小；M_r 代表重锤质量；f_L 代表某瞬时低频频率值；L_p 代表振动泵额定单位流量；A_p 代表活塞面积。

$$F_s = 2\pi^2 f_L^2 S_M M_r \tag{7-2}$$

式中：F_s 代表激发某瞬时低频频率成分时，重锤达到最大位移对应的出力大小；S_M 代表重锤有效行程。

图7－4a中蓝色、红色实线是根据公式（7－1）及公式（7－2）绘制的可控震源低频特性曲线，两条曲线交点为点 A。使用低于 A 点频率的低频成分时，震源出力不能大于红色曲线对应的出力值；使用高于 A 点频率的低频成分时，震源出力不能大于蓝色曲线对应的出力值。图7－4a中绿虚线限制了低频能够使用的出力极限，紫色实线是常规信号特性曲线，起始频率为6Hz。

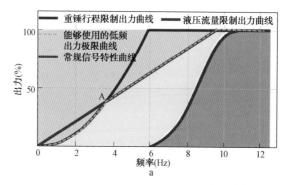

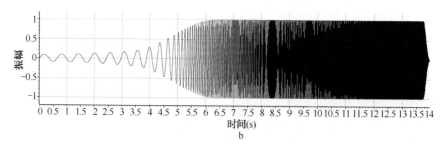

图7－4　可控震源低频特性曲线及常规信号（起始频率6Hz）
特性曲线图（a）和常规可控震源扩展低频信号（b）

实际设计低频信号时，信号的特性曲线不能落到图7－4a中淡红色区域，只能根据可控震源的实际情况落到图7－4a中淡黄色区域。淡紫色区域是常规信号使用的区域，也就是常规可控震源出厂标定范围内可以使用的信号频率范围。所谓扩展低频，就是指低频信号必须落到淡紫色与淡红色之间的淡黄色区域内。在设计低于6Hz的频率成分时，还要考

虑延长低频的扫描时间，只有这样才能保障低频有足够的激发能量以满足勘探的需要。设计低频信号时，应充分考虑吉布斯效应对相关子波的影响。图 7-4b 是根据图 7-4a 限定条件利用东方地球物理公司扫描信号设计软件设计的低频信号，信号长度为 14s，其中 1.5～3Hz 频率范围的信号占用近 4s 的扫描长度，占用总扫描长度的近 29%。在可控震源能级固定、扫描长度固定的前提下，扫描信号的总能量是固定不变的，1.5～3Hz 低频占用扫描长度的近 29%，意味着大于 3Hz 频率成分能量所占比重降低，这是在常规可控震源扩展低频设计中应该考虑的问题，否则会损害反射波分辨率。

常规可控震源扩展低频虽然可行，但是笔者认为在生产中要谨慎使用这一技术，因为扩展的低频信号在使用时很容易造成可控震源机械及液压系统的损伤，另外可控震源激发的低频信号畸变非常大、稳定性也很差，不同可控震源同步激发一致性差别大。

三、低频可控震源的发展

东方地球物理公司于 2008 年开始研制低频可控震源，生产出了世界第一台真正意义的低频可控震源 KZ28LF 型可控震源。井下检波器测试结果表明，KZ28LF 型可控震源能够稳定激发低至 1.5Hz 的扫描信号、100% 振幅下的最低有效频率为 3Hz。Shell 公司与东方地球物理公司在内蒙古二连盆地利用这套可控震源开展了试验工作，应用效果在 SEG 年会上做了介绍。图 7-5a 是用起始频率 4.5Hz 反演的速度模型，图 7-5b 是对应的始频率 1.5Hz 反演的速度模型。两个速度模型的在中、深层的差异是非常明显的。图 7-6 是利用图 7-5b 速度模型得到的偏移剖面，通过这张偏移剖面使我们第一次认清了该盆地基底形态特征。

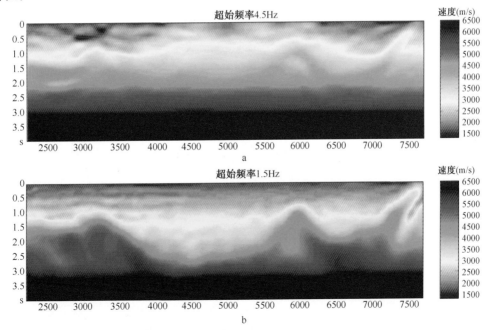

图 7-5　起始频率 4.5Hz 反演得到的速度模型（a）和起始频率 1.5Hz
反演得到的速度模型（b）（John M. Hufford，2003）

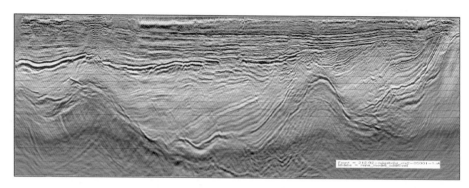

图 7-6 利用起始频率 1.5Hz 反演的速度模型处理得到的偏移剖面 (John M. Hufford，2003)

2013 年，东方地球物理公司完成了第二代可用于规模化生产的低频可控震源，并于 2013 年 8 月运输到哈萨克斯坦用于 AMG 公司滨里海盆地高精度二次三维地震勘探项目中。项目的主要目的层是巨厚盐丘以下碳酸盐岩储层，主要地质任务是准确刻画礁滩体分布边界。图 7-7 是 2006 年采集的三维地震资料，主要目的层（红色矩形框内）反射连续、信噪比较高。但是地震资料解释的地层厚度、碳酸盐岩纵横向变化特征与钻井资料相差较大，因此油公司决定开展高精度二次三维地震勘探，以解决准确刻画碳酸盐岩岩性油气藏储层特征的问题。2006 年，三维地震勘探面元是 25m×25m，覆盖次数为 120 次，观测系统纵横比为 0.45，可控震源扫描信号采用 8～76Hz 的线性升频扫描信号，4 台 4 次组合激发。2006 年三维采集扫描信号低频过高、高频过低，造成低于 8Hz、高于 76Hz 有效信息无法接收、不能成像。2013 年，二次三维地震勘探采用两宽一高地震勘探技术：通过使用小采样间隔，提高高频有效信息成像精度以及提高时间分辨率，增加小尺度地质现象采样点数，提高空间横向分辨率；通过使用宽方位观测系统，提高盐下照明度及各向异性速度分析精度，有利于地层各向异性研究；通过使用点激发和点接收方式，减少组合混波响应，提高分辨率；通过降低低频、提高高频来拓宽扫描信号相对频宽，提高分辨率；通过提高炮道密度，保证获得高信噪比的资料。

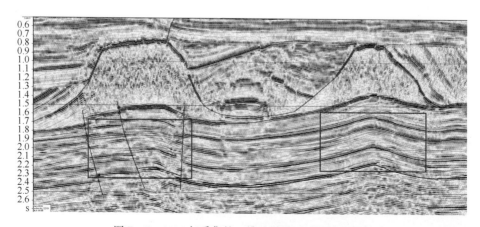

图 7-7 2006 年采集的三维地震叠后时间偏移剖面

为确定高精度地震勘探采集参数，做了大量的试验，其中最重要的试验之一是扫描信号带宽试验。由于投入使用了低频震源，因此试验对比了6～96Hz与1.5～96Hz的点、线试验资料。图7-8a，b，c分别是6～96Hz扫描信号的原始单炮、6Hz低通、8Hz低通滤波单炮记录；图7-8d，e，f分别是1.5～96Hz扫描信号的原始单炮、6Hz低通、8Hz低通滤波单炮记录。对比图7-8a与图7-8d原始单炮记录可以看到，1.5～96Hz扫描信号单炮记录中深层反射（红色矩形框内）特征清晰、信噪比高于6～96Hz扫描信号单炮记录；对比图7-8b，c与图7-8e，f对应的低通滤波单炮记录，1.5～96Hz扫描信号单炮记录浅层信噪比（红色椭圆内）高于6～96Hz扫描信号单炮记录。

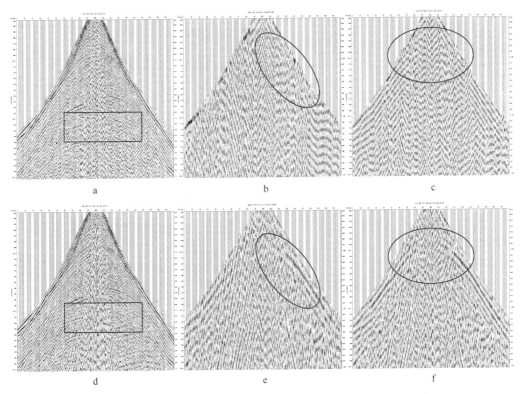

图7-8　a，b，c分别代表6～96Hz扫描信号的原始单炮、6Hz低通、8Hz低通滤波单炮记录；
d，e，f分别是1.5～96Hz扫描信号的原始单炮、6Hz低通、8Hz低通滤波单炮记录

图7-9a，b分别对应6～96Hz扫描信号激发叠前时间偏移剖面和1.5～96Hz扫描信号激发叠前时间偏移剖面。很明显，采用1.5～96Hz扫描信号的叠前时间偏移剖面更加清楚地刻画了陡倾角盐边界（红色椭圆内），而采用6～96Hz扫描信号的叠前时间偏移剖面陡倾角岩边界（蓝色椭圆）模糊不清；图7-10a，b分别对应6～96Hz扫描信号激发盐下目的层叠前时间偏移局部放大剖面和1.5～96Hz扫描信号激发盐下目的层叠前时间偏移局部放大剖面。可以看到，后者分辨率更高、更能反映碳酸盐岩储层形态变化（黑色、绿色矩形框内）。盐边界反射特征和盐下碳酸盐岩反射特征的差别主要归功于两种扫描信号相对频宽不同，6～96Hz相对频宽只有4个倍频程，而1.5～96Hz相对频宽有6个倍频程。相对频宽越大、越有利于陡倾角成像、分辨率越高。通过大量理论分析以及前期试验，最终确

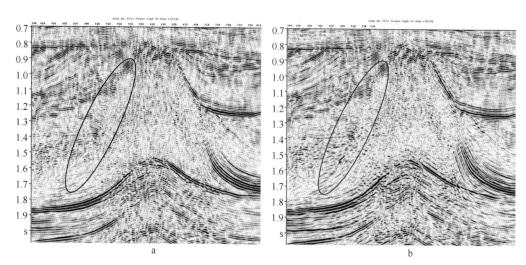

图 7 - 9　a，b 分别代表 6～96Hz 扫描信号激发叠前时间偏移剖面和
1.5～96Hz 扫描信号激发叠前时间偏移剖面

定了二次三维地震勘探的采集参数：面元采用 12.5m×12.5m、覆盖次数为 720 次、观测系统纵横比为 1.0，2 台 1 次组合，扫描信号采用 1.5～96Hz。

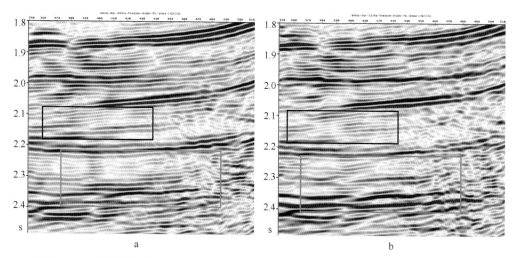

图 7 - 10　a，b 分别对应 6～96Hz 扫描信号激发盐下目的层叠前时间偏移局部放大剖面和
1.5～96Hz 扫描信号激发盐下目的层叠前时间偏移局部放大剖面

　　可控震源低频激发技术需要相应的低频或宽频接收技术，如何恢复常规检波器（如自然频率为 10Hz 的检波器）记录数据的低频有效信息也是当前亟待解决的问题。可控震源低频勘探技术有利于提高地震资料分辨率、提高速度反演精度，必将在使用地震资料直接检测油气藏特征方面发挥更大的作用，可控震源低频地震勘探技术是可控震源地震勘探技术最重要的发展方向之一。

第二节　大吨位可控震源技术的发展

自 20 世纪 50 年代可控震源出现以来，地震勘探工作者和地震勘探装备制造工作者对更大吨位、更大出力的可控震源的追求始终没有停止。第一章中的表 1-1 直观地说明了可控震源的发展。从表 1-1 可以看到，平均每隔 10 年，可控震源峰值出力增加 20000lb，到目前为止已经发展到具有峰值出力达到 90000lb 的可控震源。

对于大吨位可控震源的追求，根源在于对更深目的层勘探的需求。一般地，加大扫描信号的扫描长度就可以增加激发能量，但是可控震源能级一旦固定，扫描长度不可能无限制增加，否则会影响施工效率，因而增加可控震源能级水平是增加激发能量和提高勘探深度最直接有效的方法。也就是说，增大可控震源的吨位、提高可控震源的峰值出力才是解决激发能量的根本途径。前面介绍的吐哈盆地巨厚戈壁砾石区深层勘探实例充分说明，多台可控震源组合激发对于提高深层反射能量和提高深层资料信噪比起着决定性的作用。多台可控震源组合激发相当于增加可控震源能级和提高可控震源的吨位。

2008 年，东方地球物理公司推出了 80000lb 可控震源 KZ34。并于 2009 年和 2010 年利用 KZ34 可控震源在西部盆地开展了试验与生产。图 7-11a 是 4 台 60000lb KZ28 型可控震源一次扫描（8~84Hz，16s，75%）得到的单炮记录；图 7-11b 是 1 台 80000lb KZ34 型可控震源一次扫描（8~84Hz，16s，75%）得到的单炮记录。从激发能量上看，两个单炮区别不大。图 7-12a 是 4 台 60000lb KZ28 型可控震源一次扫描（8~96Hz，20s，75%）得到的叠加剖面；图 7-11b 是 1 台 80000lb KZ34 型可控震源一次扫描（8~96Hz，20s，75%）得到的叠加剖面。两张剖面信噪比相当，深层反射丰富。

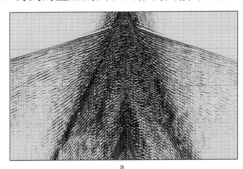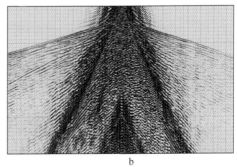

a　　　　　　　　　　　　　　　b

图 7-11　4 台 60000lb 可控震源组合激发单炮记录（a）和
1 台 80000lb 可控震源组合激发单炮记录（b）

80000lb 可控震源 KZ34 的试验资料虽然取得较好的效果，但是还存在一些问题，尤其在激发高频方面还有待于进一步改进机械及液压系统，还需要不断完善。发展大吨位可控震源会遇到很多技术难题，吨位与扫描信号控制精度之间就是一对矛盾。吨位越大，扫描信号控制能力越弱；吨位越大，激发高频扫描信号的能力越差。A. J. Berkhout（2010）提出的解决高频激发问题的思路值得借鉴，它提出高频扫描信号可以用小吨位可控震源激发，而大吨位可控震源仅仅激发低频信号。这样，大、小吨位可控震源可以在野外同时使用，互相补充激发信号频带范围的不足（图 7-13、图 7-14）。这一思路值得重视与借鉴。

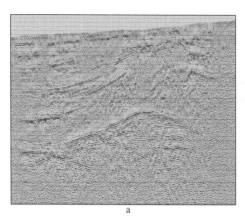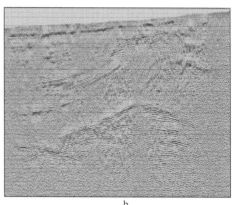

图 7-12　4 台 60000lb 可控震源组合激发叠加剖面（a）和
1 台 80000lb 可控震源组合激发叠加剖面（b）

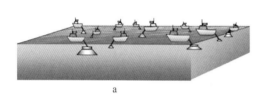

图 7-13　海上不同容量的气枪联合激发示意图（a）和陆上不同吨位的可控震源联合激发示意图（b）

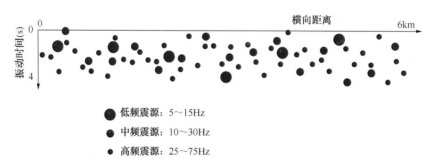

图 7-14　不同吨位的可控震源激发不同频带的扫描信号，最终得到宽频地震资料
（Berkhout，2010）

　　总之，大吨位可控震源的发展是与石油勘探开发需求分不开的，也是与地震勘探技术发展的需求分不开的。一方面，石油勘探开发逐渐向大深度目的层延伸，要求地震勘探具有勘探大深度目的层的能力，这就要求研发能够提供足够能量的大吨位可控震源；另一方面，石油勘探开发需要精度更高的地震资料，要求高精度地震勘探技术与之适应。这样，采用更大吨位的可控震源可以减少野外组合激发的震源台数、减少因组合而造成的高频损失，从而提高地震勘探精度。持续发展更大吨位的可控震源是十分必要的，是可控震源发展的趋势之一。

第三节 高效、高保真采集技术的融合

可控震源高效采集方法与高保真采集方法是近年来发展最快的技术。由于高效采集技术的发展，使成本居高不下的高密度、宽方位等高精度地震勘探方法逐渐被业界所采用。现有的高效采集技术也存在两个问题：一是引入了邻炮噪声，二是相关法资料不是保真的。高保真采集技术克服了扫描信号对资料的影响，但是其生产效率并不高。如果把高效采集技术与高保真采集技术结合到一起，那么可控震源地震勘探技术会有一个新的突破。

John M. Hufford（2003）等在这方面做了尝试，他们把高保真采集方法与滑动扫描技术结合到一起，旨在提高空间分辨率与采集效率。试验工区在美国西 Texas 的 Alpine 城附近。试验在 6.8mile 长的二维线上进行，164 个检波器接收，间隔为 220ft。检波器组合采用 6 只组合沿线 55ft 基距组合。在 73～96 号站之间有 24 个炮点。覆盖次数约 24 次。CDP 间距随不同方法而变：27.5～110ft，对四种采集方法进行了对比分析。基本的扫描长度为 8s，听时间为 5s，扫描频率为 8～82Hz、3dB/oct 斜坡 200ms。前三种方法是基本方法，用于对比。第四种是新方法，用于对比前三种方法。

图 7-15a 是常规生产，24 个炮点中每一个炮点由 4 台震源组合扫描 4 次。最终效果是 24 个炮点间隔为 220ft，每个炮点 4 台 4 次扫描叠加。图 7-15b 是 HFVS 试验。震源如图摆放。4 次扫描要做相应的相位旋转并分别记带。每台震源都统一移动 220ft，确保叠加。最终效果是 CDP 间隔为 27.5ft，每台震源 4 次扫描叠加，震源间距 55ft。图 7-15c 采用两组震源滑动扫描，每组震源由 4 个 4 次扫描序列组成（扫描次序见图 7-15c）。仪器系统连续记录 51s。两套震源初始位置相距 110ft，开始下次扫描时同时移动 220ft。最终处理效果相当于间隔 110ft 上的每个炮点有 2 台震源 4 次扫描组合。图 7-15d 与图 7-15c 具有相同的扫描次序，但有两点不同，每套震源每个扫描时间段上都要按照 HFVS 规则旋转相位。震源位置也可以按照试验 2 的形式摆放。因此最终效果是炮点间隔为 55ft，每个炮点一台震源扫描 4 次。

对以上四种试验资料分别处理，处理流程为：初至拾取、折射静校正、速度分析、预测反褶积、谱白化、剩余静校正，数据按照相应的地面间隔叠加与偏移。第一种试验方式的 CDP 是 110ft、第二种与第四种试验方式的 CDP 是 27.5ft、第三种试验方式的 CDP 是 55ft。处理后的数据见图 7-16a，b，c，d。注意图 7-16a，b 分别是用相关法以及反褶积法得到的资料，前者的资料受到扫描信号及相关噪声的影响，而后者是保真处理的资料。图 7-16d 中 HFVS/Slip-Sweep 数据量是图 7-16a 常规扫描数据的 1.6 倍，但是后者采样更密集、分辨率更高。图 7-16b，d 显示的道间距已经是在偏移后由 27.5ft 抽稀到 110ft，这样才能与图 7-16a 常规资料做对比。图 7-16c 同样由 55ftCDP 间距抽稀为 110ft。由于图 7-16a、图 7-16c 都是用相关法得到的资料，因此二者具有相似的资料特征。

对比以上四种采集方式不难看出，采用同样多的设备、不同的采集方法取得的效果是不同的，其中 HFVS 方法得到的资料好于常规方法。采用 HFVS 联合 Slip-Sweep 施工，不仅提高了生产效率，同时还获得了高分辨率、高保真的地震资料。高效高保真可控震源地震勘探技术必将成为未来发展的方向。如果高效采集技术能够联合高保真采集技术的同时，再与低频可控震源地震勘探技术结合到一起，那么会促使勘探效率和勘探精度有一个大的提高。"高效＋高保真＋低频（宽频）"联合技术是可控震源地震勘探技术发展的重要趋势！

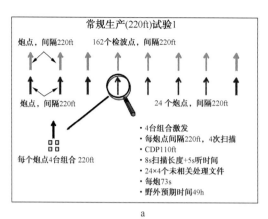
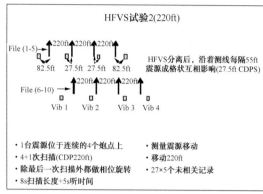
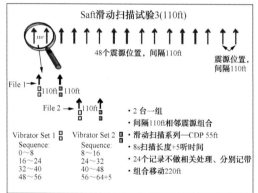
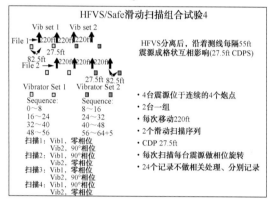

图 7-15　a 为常规生产示意图；b 为 HFVS 生产示意图；c 为滑动扫描（Slip-Sweep）生产示意图；d 为高保真＋滑动扫描（HPVS/Slip-Sweep）联合生产示意图（John M. Hufford，2003）

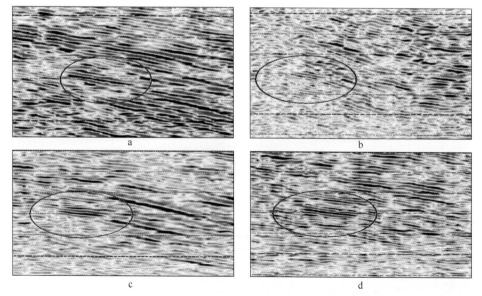

图 7-16　a 为常规生产剖面；b 为 HFVS 生产剖面；c 为（Slip-Sweep）生产剖面；d 为（HPVS/Slip-Sweep）联合生产剖面（John M. Hufford，2003）

参 考 文 献

万明习，程敬之，孙传友.1991.无旁瓣伪随机脉冲压缩技术及其应用于可控震源的研究.石油物探，30（3）：71～78

邓志文.2006.复杂山地地震勘探.北京：石油工业出版社，5～38

石化部地球物理勘探局情报室，石化部科技情报研究所石油组.1978.国外地球物理勘探现状.石油地球物理勘探，13（1）：36～49

付金洲，王庆明.2009.滑动扫描 Salvo 方法在复杂地区的使用.物探装备，19（3）：162～167

皮埃尔·古特劳德，肖玲.1977."连续震动法"技术中的信号设计.石油地球物理勘探，（6）：52～68

吉洪诺夫，萨马尔斯基著，黄克欧等译.1961.数学物理方程.北京：人民教育出版社

朱广生，陈传仁，桂志先.2012.勘探地震学教程.武汉：武汉大学出版社

孙锋，王忠仁等.2009.可控震源的伪随机扫描与系统测试.光学精密工程，17（10）：2569～2575

杨文采.2012.反射地震学理论纲要.北京：石油工业出版社，10～45

何诚，李邝等.2008.单频成像技术在油气检测中的应用.天然气工业，28（4）：40～42

佘德平等.2007.应用低频信号提高高速玄武岩屏蔽层下的成像质量.石油地球物理勘探，42（5）：564～567

汪长辉，张慕刚等.2013.可控震源定制同时扫描激发方法及其应用.中国石油学会 2013 年物探技术研讨会论文集

陈学华，贺振华.2009.时频域油气储层低频阴影检测.地球物理学报，52（1）：215～221

国九英，周兴元等.1995.三维 $f-x，y$ 域随机噪声衰减.石油地球物理勘探，30（2）：207～212

罗纳德.N.布雷斯韦尔等著，殷勤业等译.2005.傅里叶变换及其应用.西安：西安交通大学出版社

物探局研究所震源室.1977.可控震源的原理及工作方法.石油地球物理勘探，（4）：4～8

物探局研究所震源室 217 队.1977.可控震源在玉门地区的应用.石油地球物理勘探，（2）：1～13

周大同，周恒等.2008.可控震源施工效率估算方法.石油地球物理勘探，43（增刊2）：50～54

周如义，魏铁等.2008.可控震源高效交替扫描作业技术及应用.石油地球物理勘探，43（增刊2）：15～18

钱荣钧.2008.地震波的特性及相关技术分析.北京：石油工业出版社，5～23

倪宇东，王井富等.2011.可控震源采集技术的进展.石油地球物理勘探，46（3）：349～356

倪宇东，祖云飞，李海翔等.2010.可控震源地震数据初至时间拾取方法.石油地球物理勘探，46（6）：793～796

陶知非等.2002.《可控震源使用技术》培训丛书.河北涿州：东方地球物理勘探有限责任公司

陶知非等.2010.可控震源低频信号激发技术的最新进展.物探装备，20（1）：1～5

黄艳林，尚永生等.2013.ISSN 地震采集数据质控与现场处理技术.中国石油学会 2013 年物探技术研讨会论文集

曹务祥.2004.组合扫描压制谐波干扰.石油地球物理勘探，39（6）：711～715

梁秀文.1987.可控震源非线性扫描采集及参数设计.石油地球物理勘探，5：559～568

程乾生.2003.数字信号处理.北京：北京大学出版社，341～346

魏国伟，张慕刚等.2008.可控震源滑动扫描采集方法及应用.石油地球物理勘探，43（增刊2）：67～69

Harry Mayne，黄伟帆.1984.非线性扫描.石油地球物理勘探，（4）：324～328

М.Б.什内尔索纳等著，李乐天，裴慰庭译.1993.可控震源地震勘探.北京：石油工业出版社，89～90

Allen K P，Johnson M L，May J S.1998.High fidelity vibratory seismic（HFVS）method for acquiring seismic data.68th SEG Technical Program Expanded Abstracts，17：40～143

Andres. Cordsen，Mike Galbraith and John Peirce.2000.Planning land 3 - D seismic surveys. United

States of America，SEG，Geophysical Developments，9：36~37

Bagaini C. 2008. Low-frequency vibroseis data with maximum displacement sweeps. The Leading Edge，27：582~591

Benjamin P Jeffryes，James Edward Martin C. 2006. Seismic vibratory acquisition method and apparatus. Patent No.：US2006/0018192 A1，26

Berkhout and Blacquière. 2010. Multi-bandwidth blending the future of seismic acquisition. 73rd EAGE，Expanded Abstracts，H025

Cao Wuxiang. 2010. To attenuate harmonic distortion by the force signal of vibrator. 80th SEG Technical Program Expanded Abstracts，157~161

Charles Sicking，Tom Fleure and Stuart Nelan，et al. 2009. Slip sweep harmonic noise rejection on correlated shot data. 79th SEG Technical Program Expanded Abstracts，436~440

Chiu S K，Eick P M and Emmons C W. 2005. High fidelity vibratory seismic (HFVS)：optimal phase encoding selection. 75th SEG Technical Program Expanded Abstracts，ACQ2. 2：37~40

Chiu S K，Eick P M and Emmons C W. 2007. System and methed of phase encoding for high fidelity vibratory seismic data. US Patent 7，295：490，B1

Christine E Krohn and Marvin L Johnson. 2006. Annual meeting selection HFVSTM：enhanced data quality through technology integration. Geophysics，71 (2)：E13~E23

Claudio Bagaini and Ying Ji. 2010. Dithered slip-sweep acquisition. 80th SEG Technical Program Expanded Abstracts，91~95

Claudio Bagaini. 2010. Keeping the data quality of high productivity vibroseis acquisitions under control. 72nd EAGE Conference & Exhibition，SPE EUROPEC：B012

Cunningham A B. 1979. Some alternate vibrator signals. Geophysics，44 (12)：1901~1921

Dave Howe，Mark Foster，et al. 2010. Independent simultaneous sweeping in libya-full scale implementation and new developments. 80th SEG Technical Program Expanded Abstracts，109~111

Garotta R. 1983. Simultaneous recording of several vibroseis seismic lines. 53rd SEG Meeting，Expanded Abstracts，308~310

Howe D and Foster M，et al. 2008. Independent simultaneous sweeping. 70th EAGE Conference & Exhibition，SPE EUROPEC，B007

Howe D，Foster M，Allen T and Taylor B. 2008. Independent simultaneous sweeping-a method to increase the productivity of land seismic crews. 78th SEG Technical Program Expanded Abstracts，2826~2830

Hufford J M，May J and Thomas J W. 2003. Union HFVS with slip-sweep for improved spatial resolution and acquisition efficiency. SEG Technical Program Expanded Abstracts，22：39~42

IHS International Crews. 2009. World Geophysical News，21：12~13

Jack Bouska. 2009. Distance separated simultaneous sweeping：efficient 3D vibroseis acquisition in oman. 79th SEG Technical Program Expanded Abstracts，1~4

John M Hufford，Conoco Phillips，et al. 2003. Union HFVS with slip-sweep for improved spatial resolution and acquisition efficiency. 73rd SEG Technical Program Expanded Abstracts，0039~0042

Jseriff A and Kim W H. 1970. The effect of harmonic distortion in the use of vibratory surface sources. Geophysics，35 (2)：234~235

Julien Meunier Pascal Nicodeme and Salvador Rosroguezl. 2001. Analysis of the slip sweep technique. 81st SEG Technical Program Expanded Abstracts：9~12

Katherine F Brittle，Laurence R Lines and Ayon K Dey. 2000. Vibroseis deconvolution：a synthetic comparison of cross-correlation and frequency domain sweep deconvolution. Crewes Research Report，12

Katherine F Brittle，Laurence R Lines and Ayon K Dey. 2001. Vibroseis deconvolution：an example from Pikes Peak，Saskatchewan. CSEG Recorder，29～35

Kenneth. 1995. Method for cascading sweeps for a seismic vibrator. United States Patent，5410517

Krohn C E and Johnson M L. 2003. High fidelity vibratory seismic（HFVS）Ⅰ：enhanced data quality. 73rd SEG Technical Program Expanded Abstracts，22：43～46

Krohn C E and Johnson M L. 2003. High fidelity vibratory seismic（HFVS）Ⅱ：superior source separation. 73rd SEG Technical Program Expanded Abstracts，22：47～50

Luis L Canales. 1984. Random Noise Reduction. 54th SEG Technical Program Expanded Abstracts，525～527

Martin F D，Munoz P A，Deharmonics. 2010. A method for harmonic noise removal on vibroseis data. 72nd EAGE Conference & Exhibition Incorporating，SPE EUROPEC，B011

Ni Yudong，Ma Taoo，et al. 2010. Application of deconvolution of ground force signal in a vibrator array. 80th SEG Technical Program Expanded Abstracts，152～156

Ni Yudong，Zhan Shifan，et al. 2003. An case of seismic acquisition in Xinjiang's Tuha basin of China. 73rd SEG Technical Program Expanded Abstracts，0025～0028

P Pas M Day and Baetenl. 2001. Harmonic distortion in slip sweep records. 79th SEG Technical Program Expanded Abstracts，609～612

Peter I Pecholcs，Stephen K Lafon，et al. 2010. Over 40000 vibrator points per day with real－time quality control：opportunities and challenges. 80th SEG Technical Program Expanded Abstracts：111～114

Peter Maxwell，John Gibson，Alexande Egreteau. 2010. Extending low frequency bandwidth using pseudorandom sweeps. 80th SEG Technical Program Expanded Abstracts，101～105

Postel J J，Meunier J，Bianchi T and Taylor R. 2008. V1：Implementation and application of single－vibrator acquisition. The Leading Edge，27（5）：604～608

Rainer Moerig. 2007. Method of harmonic noise attenuation in correlated sweep data. United States Patent，7260021B1

René－Edouard Plessix，Guido Baeten，et al. 2010. Application of acoustic full waveform inversion of low－frequency large－offset land data set. 80th SEG Technical Program Expanded Abstracts，390～394

Ristow D and Jurczyk D. 1975. Vibroseis deconvolution. Geophysical Prospecting，23

Robert E Sheriff. 2002. Encyclopedic dictionary of applied geophysics（3rd）. USA：Society of Exploration Geophysicists，383～384

Roger M. 1990. Ward phase encoding of vibroseis signals for simultaneous multisource acquisition. 60th SEG Meeting，Expanded Abstracts，930～940

Rozemond H J. 1996. Slip－sweep acquisition. 66th SEG Technical Program Expanded Abstracts，66～67

Sallas J J. 1984. Seismic vibrator control and the downgoing P－wave. Geophysics，49：732～740

Sallas J，Corrigan D and Allen K P. 1998. High－fidelity vibratory source method with source separation. US Patent，5：721710

Shoudong Huo，Yi Luo，et al. 2009. Simultaneous separation via multi－directional vector－median filte. 79th SEG Technical Program Expanded Abstracts，31～34

Silverman D. 1979. Method of three dimensional seismic prospecting. United States Patent，4，159，463

Stefani，Hampson and Herkenhoff. 2007. Acquisition using simultaneous source. 69th Annual Meeting，EAGE，Expanded Abstracts，B006

Womack J E，Cruz J R，et al. 1990. Encoding techniques for multiple source point seismic data acquisition. Geophysics，55（10）：1389～1396

Womack J E，Cruz J R. 1988. Simultaneous vibroseis encoding techniques. 58th SEG Meeting，Expanded

Abstracts，101～103

X P Li，Sölllner W and Hubral P. 1994. Elimination of harmonic distortion in vibroseis data. 64th SEG Technical Program Expanded Abstracts，886～889

X P Li，Sölllner W and Hubral P. 1995. Elimination of harmonic distortion in vibroseis data. Geophysics，60（2）：503～516

Yilmaz Sakalloglu，Abdalla A B. 2009. High fidelity vibratory seismic（HFVS）3D survey for optimum field development. CPS/SEG Beijing 2009 International Geophysical Conference &. Exposition，ID18

Zhou Ruyi and Zhang Mugang，et al. 2006. A case study of vibroseis high－efficiency flip－flop aweep technique. 86th SEG Technical Program Expanded Abstracts，100～103

Ö Z Yimaz. 2001. Seismic data analysis：processing，inversion，and interpretation of seismic data. United States of America：Society of Exploration Geophysicists，167～168